金工新纪元：
从 CAD 到 3D 打印至熔模铸造

主　编　陈开慧　张小兵　常　捷
副主编　邱亚峰　李亚龙　贡　森

北京理工大学出版社
BEIJING INSTITUTE OF TECHNOLOGY PRESS

内 容 简 介

　　本书内容以设计创意产品的全流程为主线，涵盖了现代金属工艺的理念与概论，CAD 详解（包括概念介绍与软件使用说明），3D 打印详解（包括概念介绍与常用工艺设备的使用说明），熔模铸造详解（包括概念介绍与常用工艺设备的使用说明），CAD、3D 打印和熔模铸造在整个创意产品设计全流程的融合应用，以及以上技术的技术伦理、社会影响与未来展望。

　　本书旨在培养具备较强的工程实践能力和现代工程工具使用能力，能在机械、智能制造、工业设计等相关领域从事零部件设计制造、创意产品设计、产品开发、工程应用等工作，具有理想信念和社会责任感，勇于创新创业，德智体美劳全面发展的高素质创新型人才。

　　本书适合本科院校、职业教育院校的机械、工程、设计等专业作为教材使用，也可作为相关从业人员的参考资料。

图书在版编目（CIP）数据

　　金工新纪元：从 CAD 到 3D 打印至熔模铸造 / 陈开慧，
张小兵，常捷主编. --北京：北京理工大学出版社，
2025.1.
　　ISBN 978-7-5763-4897-2

　　Ⅰ. TG

　　中国国家版本馆 CIP 数据核字第 20251ZT799 号

责任编辑：陆世立　　　　文案编辑：李　硕
责任校对：刘亚男　　　　责任印制：李志强

出版发行 / 北京理工大学出版社有限责任公司
社　　　址 / 北京市丰台区四合庄路 6 号
邮　　　编 / 100070
电　　　话 / （010）68914026（教材售后服务热线）
　　　　　　（010）63726648（课件资源服务热线）
网　　　址 / http://www.bitpress.com.cn

版 印 次 / 2025 年 1 月第 1 版第 1 次印刷
印　　　刷 / 河北盛世彩捷印刷有限公司
开　　　本 / 787 mm×1092 mm　1/16
印　　　张 / 13.75
字　　　数 / 319 千字
定　　　价 / 66.00 元

　　"工程训练"课程是工程教育的核心，旨在通过实际操作和项目驱动的方式帮助学生将理论知识转化为实际工程能力，同时培养他们的创新思维和团队合作精神。这类课程通常覆盖基础工程技能训练以及复杂的系统集成和设计。金属工艺实习课程则是许多工程和技术类专业重要的"工程训练"课程，为学生提供了实践操作和实际应用的机会，旨在让学生学习和体验金属加工工艺的基本概念和操作方法，帮助他们了解工程制造中的实际问题和解决方案。

　　本书是针对"工程训练"课程"培养学生的专业技能、解决问题的能力、团队合作精神、创新思维和职业准备"的教学目标而专门编写的，其主要任务是使学生掌握利用现代金属工艺技术进行产品设计的基本理论、基本知识和基本技能，了解 CAD、3D 打印及现代熔模铸造，初步具有确定产品方案、分析、设计及生产产品的能力。

　　通过对本书的学习，学生应达到下列基本要求：比较全面地理解创意产品设计的基本方法与设计原理，在掌握现代金属工艺技术的基础上，能够独立自主或团队协作进行产品方案设计。本书在每一章中都介绍了不同的金属加工技术，以及对应该技术的国内外产品，便于学生了解我国相应技术的发展历程、该技术在日常生活中的应用及未来发展方向等。

　　本书具有以下特色：突出"现代金属工艺"整体观念交叉融合的课程体系，培养学生的全局观念及大局意识；突出"立德树人"的素质教育目标，培养学生树立正确的人生观和价值观；突出"数字化智能化设计制造"的特色，培养学生的创新精神、民族自豪感；突出"以学生为中心"的理念，培养学生的自主学习能力与团队协作精神；引入我国在现代金属工艺方面的成功案例，培养学生的爱国主义精神；以个人创意产品为驱动，培养学生的劳动能力。以上种种，实现德育、智育、体育、美育、劳动教育"五育"并举，促进学生全面而有个性地发展，这既是教育的本质内涵，也是培养合格社会主义建设者和接班人的必然要求。

　　本书共分为6章：第1章为绪论，第2章为 CAD 详解，第3章为 3D 打印详解，第4章为熔模铸造详解，第5章为综合训练项目：从 CAD 建模到 3D 打印再到熔模铸造，第6章为作业。其中，第1章由南京理工大学陈开慧、邱亚峰编写，第2章由南京理工大学陈开慧、张小兵编写，第3章由南京理工大学张小兵、南京双庚电子科技有限公司贡森编写，第4章由南京理工大学陈开慧、南京双庚电子科技有限公司贡森编写，第5章由南京理工大学陈开慧、李亚龙编写，第 6 章及全书的素质教育部分由南京理工大学常捷、邱亚峰编写。

　　本书中部分例题和习题是参考、借鉴其他教材中的，在此向有关作者表示感谢。由于编者水平有限，本书中的不妥与谬误之处在所难免，恳请广大读者、专家批评指正。

编　者

2024 年 6 月

目　录

第1章
绪　论

1.1　引　言

1.1.1　现代金属工艺与传统金属工艺介绍

1. 现代金属工艺

现代金属工艺是指在金属加工过程中应用先进的技术和方法,以提高生产效率、质量和创新能力的一系列工艺。以下是对部分现代金属工艺的介绍。

(1)数控加工。数控机床是利用计算机控制系统实现自动化加工的设备。数控加工通过编程控制数控机床进行精确的金属切削、钻孔、铣削、车削等操作,可以大幅提高加工精度和生产效率。

(2)激光加工。激光加工利用高能量密度的激光束进行金属切割、打孔、焊接等操作,具有非接触、高精度、高速度等优点,广泛应用于汽车制造、航空航天、电子设备制造等领域。

(3)三维(Three Dimensional)打印,又称3D打印。3D打印是一种逐层堆积材料制造物体的工艺,可以直接将计算机模型转化为实体零部件,具有设计灵活性高、制造周期短的特点,广泛应用于航空、医疗、机械等领域。

(4)精密铸造。精密铸造能够准确控制铸件形状和尺寸的精度,常见的有压力铸造、低压铸造、真空铸造等,广泛应用于制造复杂形状、高精度的金属零部件。

(5)表面处理。表面处理是对金属表面进行改性和保护,以提高金属零部件的耐腐蚀性、耐磨损性和美观性的工艺。常见的表面处理包括电镀、喷涂、阳极氧化等。

(6)金属材料改性。金属材料改性通过改变金属的组织和组分,改善其性能和特性。常见的金属材料改性有热处理、表面渗碳、淬火等,通过改性,可以增加金属的硬度、强度和耐磨性。

(7)智能化制造。智能化制造是利用先进的信息技术和自动化技术实现生产制造过程的智能化和自动化。通过物联网、人工智能等技术,可以实现生产设备的远程监控、优化调度和自主决策,提高生产效率和质量。

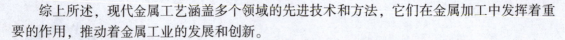

综上所述，现代金属工艺涵盖多个领域的先进技术和方法，它们在金属加工中发挥着重要的作用，推动着金属工业的发展和创新。

2. 传统金属工艺

传统金属工艺是指在现代金属工艺出现之前，人们使用的一系列金属加工技术和方法。这些技术积累了丰富的经验和知识，在过去的几百年中被广泛应用于各行各业。以下是对传统金属工艺的介绍。

（1）铸造。铸造是一种常见的传统金属工艺，是指将熔融金属注入模具中，使其冷却硬化成为所需形状的零部件或产品。铸造包括砂型铸造、金属型铸造、压力铸造等，广泛用于汽车零部件制造、机械设备制造等领域。

（2）锻造。锻造是利用力学原理将金属材料加热至一定温度后，施加压力使其变形成所需形状的工艺。锻造可分为自由锻和模锻，广泛应用于航空航天、船舶、机械等领域的大型零部件制造。

（3）钣金加工。钣金加工是对金属板材进行剪切、弯曲、冲压等操作，以制造出各种形状的金属产品的工艺，广泛应用于汽车制造、家电制造、建筑装潢等领域。

（4）切削加工。切削加工主要包括车削、铣削、钻孔等，是指将金属材料固定在机床上，利用刀具对其进行削除，以得到所需形状和尺寸的零部件。在制造各种金属零部件时，该工艺被广泛使用。

（5）焊接。焊接是通过加热或加压使金属材料熔化并连接在一起的工艺，包括电弧焊、气焊、氩弧焊等，广泛应用于制造结构件、管道、容器等。

（6）表面处理。表面处理的方法有热处理、电镀、喷涂等。这些方法可以改善金属材料的性能和外观，提高其耐腐蚀性、耐磨性和美观度。

传统金属工艺在过去的几百年中经过长期实践和发展，创造出了大量的金属制品。虽然现代金属工艺的出现带来了更高的精度和效率，但传统金属工艺仍然有其独特的应用价值，尤其在一些特定领域和工艺要求下仍被广泛使用。

3. 现代金属工艺和传统金属工艺的区别

显然，现代金属工艺和传统金属工艺之间存在一些显著区别，主要体现在以下方面。

（1）自动化程度。现代金属工艺注重自动化和数字化。例如，数控加工利用计算机编程控制机床进行加工操作，实现了高精度、高效率的生产目标；而传统金属工艺通常依赖人工操作，加工效率较低，且精度较差。

（2）设计灵活性。现代金属工艺具有更高的设计灵活性。例如，3D 打印可以根据需求直接制造出复杂形状的金属零部件，无须制造模具，这使得产品开发周期缩短，适应性强；而传统金属工艺则需要依赖模具或工装，限制了产品形状和设计的灵活性。

（3）资源利用率。现代金属工艺注重提高资源利用率和能源效率。例如，通过优化加工路径和减少切削量，数控加工可以减少废料产生、延长刀具寿命，实现资源的最大化利用；传统金属工艺在这方面往往较为低效。

总的来说，现代金属工艺相比传统金属工艺有明显的优势。现代金属工艺不仅可以提高金属产品的质量和生产效率，还可以推动金属工业的创新和发展。

1.1.2 工程能力培养框架

工科院校的主要目标是培养工程师和工程学家。现代工程具有系统性、规模性、复杂性、不确定性等特征，对工程师的知识结构提出了宽博性、专业性、交叉性的要求。工程师应具备扎实的理论基础、实践能力、创新创造能力和综合工程素养。为了满足这些要求，高等院校的工程教育需要与社会需求紧密结合，并以培养工程师的核心能力为主要目标。实现这一目标的方式是实施理论与实践密切结合的工程通识教育。通过这样的教育，学生可以构建包含工程知识、能力和素质的综合品质结构，为他们从学生顺利过渡到工程师的角色奠定基础。因此，高等工程教育应注重培养学生的知识背景和专业技能，使他们能够熟悉并适应现代工程系统。同时，应该重视对学生实践能力的培养，通过实验训练和实际项目使他们获得解决问题的经验。此外，还应鼓励学生培养创新思维和创造力，让他们能够提出新的解决方案并推动工程领域的发展。总之，高等工程教育需要紧密关注工程师所需的核心能力，并通过理论与实践结合的工程通识教育引导学生建立良好的综合品质结构，使他们能够顺利过渡为工程师。这样的教育模式能够更好地满足工程领域对人才的需求，促进工程领域的创新和发展。

清晰地构建工程师的能力结构对工程人才的培养和国家经济的发展都具有重要的战略意义。在工程人才培养方面，欧美发达国家一直处于世界领先地位。2004年，美国发布了《2020工程师：新世纪工程的愿景》一文，提出未来工程人才需要具备分析能力、实践经验、创造力、沟通能力、商务与管理能力、伦理道德、终身学习能力等。美国工程与技术认证委员会(Accreditation Board for Engineering and Technology，ABET)在2012年发布的工程认证标准中列出了毕业生达到工程师标准应具备的11个能力特征，并强调学生不仅应具备工程知识与技能，还应注重其作为一个社会人应对外界环境的态度，包括在政治、经济、社会、环境及伦理道德等方面的素养。

作为高等工程教育发源地的欧洲地区，20世纪末，在欧盟的资助下推动了一系列工程教育改革项目。欧洲工程师协会联盟(Federation of National Engineering Associations，FEANI)发起了欧洲工程教育认证体系(European Accredited Engineer，EUR-ACE)项目，其中的"工程项目认证框架标准(Framework Standards for the Accreditation of Engineering Programs)(2008年)"针对工程毕业生给出了知识及理解、工程分析、工程设计、调查研究、工程实践、可转移技能等6个方面的能力要求。除了传统的知识和能力要求外，更为宽泛的可转移技能成为毕业生需要掌握的核心内容，包括团队合作能力、沟通能力、责任感等。毕业生还需要了解工程对人身、法律、社会和环境等方面的影响，同时应具备相应的商业管理知识，包括风险管理等。

因此，清晰构建工程师能力结构对于工程人才的培养至关重要。在全球化背景下，各国工程教育机构可以借鉴美国和欧洲的经验，注重培养学生的综合能力，包括专业知识、实践经验、创造力、沟通能力、伦理道德等方面。这样的培养模式能够更好地满足社会对工程人才的需求，推动国家经济的发展和创新驱动战略的实施。

我国拥有世界上规模最大的工程教育体系，并已建成了全球最大的工程教育供给体系。当前，新一轮科技革命和产业变革正在加速进行，综合国力竞争也日益激烈。工程教育与产业发展密切相关且相互支撑。由于科技革命的影响，工程人才的培养模式也在不断改变。由于国家对创新型人才和复合型高级工程技术人才需求的大幅增加，近年来，教育部开展了一系列工程教育实践改革，如卓越工程师教育培养计划、CDIO 特色专业建设、中国工程教育专业认证等。这些改革在不同程度上强调培养学生解决实际工程问题的能力。2014 年，中国工程教育专业认证协会还专门提出了培养学生解决复杂工程问题的能力。2016 年，我国正式加入了工程教育专业认证的国际互认协议《华盛顿协议》，从而使我国由工程教育大国向工程教育强国的转变进入"快车道"。2017 年，中国工程教育专业认证协会发布了《工程教育认证标准(通用标准)》修订版本，要求工程教育专业毕业生应具备涵盖工程知识、复杂工程问题分析、工程方案设计、复杂工程问题研究、现代工具应用、工程与社会、环境与可持续发展、职业规范、个人与团队、沟通、项目管理和终身学习等多方面的能力。

2018 年，教育部发布了《普通高等学校本科专业类教学质量国家标准》，这是我国高等教育领域首个教学质量国家标准。该标准以"立德树人"为基础，明确了各专业类的内涵、学科基础及人才培养方向。可以说，我国工程教育在适应时代需求、提高人才培养质量方面取得了重要进展。通过各项改革和标准的制定，我国正朝着培养具有广泛知识和综合能力的工程人才的目标迈进，以满足创新驱动发展的需要。

现代"工程训练"课程体系以机电工程为主题，采用学科交叉的综合项目训练形式，旨在培养现代工程师的核心能力。该课程体系涵盖了产品设计、工程材料、传统金工、数控加工、增材制造、特种加工、工业机器人作业、机电控制等多个领域，突出工程性特点。

根据《普通高等学校本科专业类教学质量国家标准》中的"机械类教学质量国家标准"(2018 年)和《工程教育认证标准(通用标准)》(2017 年)，结合美国的"2020 工程师愿景报告"，参考"工程训练"课程的特点，各高校一致确立了"工程训练"课程对学生的能力培养架构。

(1)基础知识应用能力。能够运用工程基础知识、专业知识和数学知识，理解和分析项目需求，并基于现有技术条件提出解决项目核心工程问题的初步方案。

(2)设计能力。能够根据项目需求和现有工艺技术条件，完成产品设计和实施方案(包括测试方案)设计以及工艺设计。

(3)工程问题的分析和解决能力。项目实施的核心是解决一系列工程问题，而创新的目标就是解决工程问题。在项目实施过程中，能够具备创新意识和创造力，系统地定义和分析工程问题，并采用相关的分析、建模和实验方法来解决这些问题。

(4)现代工程工具的应用能力。在理解相关工程技术基础上，能够合理选择和应用现代工程装备、仪器和系统(包括软件系统)，解决工程问题，并生成符合工程规范的成果。

(5)团队协作和沟通能力。能够树立团队意识，明确项目目标和任务分工，共同承担责任，协调合作；能够与团队成员和其他项目相关群体进行有效沟通和交流，能够在跨文化背景下进行沟通交流。

(6)工程伦理意识。具备社会责任感和工程师职业操守，明确项目建设必须以增进公众福祉为目标，对工程描述客观真实。项目实施中应充分考虑技术、经济、人文、环境、道德、法律、舆论等因素。

(7)国际技术视野。了解项目涉及的工程技术在国际领域中的地位，了解该领域的国际尖端技术。

(8)终生学习能力。由于技术的快速发展和未来职业生涯中所面临的各种技术挑战，工程师需要具备终身学习的能力，能够及时更新知识储备，掌握新技术。这也是现代工程训练课程体系所要求的。

以上能力培养架构旨在打造具备广泛知识和综合能力的现代工程人才，以满足创新驱动发展的需求。

1.1.3 "新工科"背景下"工程训练"课程的基本特征

为了应对新一轮科技革命和产业变革，支持创新驱动发展等国家战略，教育部于2017年1月提出了"新工科"概念，并陆续发布了相关文件，包括《关于开展新工科研究与实践的通知》和《关于推荐新工科研究与实践项目的通知》。这些文件指出，新经济的快速发展迫切需要新型工科人才的支持，高校需要面向未来布局"新工科"建设，探索更多样化和个性化的人才培养模式，主动适应和引领新经济。自从"新工科"概念提出后，先后出现了"复旦共识""天大行动""北京指南"三部曲新工科建设措施，各高校也在探索中提出了新工科建设的方案，如"天大方案""F计划""成电方案"等。2019年4月，"六卓越一拔尖"计划2.0启动大会以新工科建设为龙头，全面推进新工科、新医科、新农科和新文科的建设。

"新工科"建设的目标是培养适应新经济需要的高素质工科人才，通过推动创新、跨学科融合和实践能力培养，为产业发展和社会进步提供有力支撑。"新工科"强调工程素养、创新意识、实践能力、跨界合作等方面的培养，旨在培养具备全球视野、创新思维和实践能力的工科人才。"新工科"建设是高校积极响应国家战略和社会需求的重要举措，旨在推动高等教育与产业发展相结合，促进产学研深度融合，为经济社会发展提供源源不断的人才支持。

"新工科"建设的理念是以应对变化、塑造未来为核心，以多元化和创新型的卓越工程人才为培养目标。它通过继承与创新、交叉与融合、协调与共享等方式进行人才培养。"新工科"不仅是指面向新产业结构和新经济的专业设置上的"新"，更重要的是打破学科壁垒、实现理工融合、促进多学科交叉的系统性人才培养模式的"新"。它强调在人才培养过程中兼顾科学、工程、人文等多个领域，注重培养学生的综合素质和能力。"新工科"建设的目标是培养具备广阔视野、创新思维和跨学科能力的工程人才。这些人才需要具备丰富的知识储备、解决问题的能力、团队协作的精神，以及良好的沟通与领导能力。他们能够在各种领域中灵活运用所学知识，适应社会和经济的发展需求。"新工科"建设的核心思想是将科学、工程和人文等学科进行有机融合，通过多学科交叉的教育模式培养全面发展的工程人才。这种综合型培养模式旨在培养具备创新精神和实践能力的工程人员，他们能够在复杂的现实情境中应对挑战，并为社会的可持续发展做出积极贡献。总而言之，"新工科"建设致力于培养具备跨学科知识背景、创新思维和实践能力的卓越工程人才，以适应未来社会的需求和挑战。

"工程训练"是一门通识性和实践性的技术基础课程，与专业课程的实验环节有着本质上的区别。其中，最重要的区别就是"工程训练"课程具有明显的工程性。工程性要求"工程训练"课程以需求为驱动，通过实践完整的工程过程，遵循严格的工程规范，解决涉及多个学科领域的工程问题，最终实现满足技术需求的装置、装备或系统的开发。在"工程训练"课程中，学生将从问题定义和需求分析开始，通过系统设计、方案选择、原型制作、测试验证等一系列工程环节，逐步完成一个完整的工程项目。这个项目可能涉及多个学科领域的知识和技能，如机械设计、电子电路、计算机编程等。学生需要团队合作、进行项目管理，并在实践中学习和应用相关的理论知识。"工程训练"课程的目的是培养学生的工程思维、创新能力和实践技能，使他们能够独立承担工程项目并解决实际问题。通过这样的课程设计，学生能够更好地理解和掌握工程实践中的方法和技巧，提高问题解决能力和团队合作能力。

总的来说，"工程训练"课程与专业课程实验环节的不同之处在于，其具有明显的工程性，强调以需求为驱动的实践工程过程，涉及多门类学科的知识和技能，旨在培养学生的工程思维、创新能力和实践技能。"新工科"建设对于"工程训练"课程提出了更高的要求，可以从以下两个方面进行系统化改革和发展。

(1)贴合现代产业结构与需求，系统化的课程体系设计。这意味着"工程训练"课程需要与当代主流成熟工业技术同步，并结合主流工科专业特色，进行课程体系的设计。在设计过程中，需要根据实际情况进行取舍，凝练主题，并循序渐进地建设。同时，需要开发教学资源，设计通识性和专业性综合训练项目，以学生为主体进行项目驱动的实践教学。这些项目应该具有明确的目标、清晰的脉络，它们相互关联，能够体现完整的工程过程，并且强调多学科融合交叉。项目训练应以分析和解决一系列工程问题为基本形式，注重设计、实践探索，并强调各个环节规范的工程产出。

(2)面向现代工程人才需求，系统化的人才培养模式。除了培养学生的系统设计能力、项目实施能力、工程问题研究能力、先进制造工艺知识和主流工艺系统的基本应用实践能力外，还要自然地融合哲学、工程伦理、工程美学、企业文化、工程师精神等人文方面的熏陶。这意味着"工程训练"课程需要培养学生的人文素养和综合素质，帮助他们理解工程实践的社会背景和责任，提升其工程伦理和创新意识，并培养具备积极进取、团队合作和领导能力的工程师精神。

总的来说，在"新工科"建设背景下，对于"工程训练"课程的改革与发展趋势可以归结为两个系统化：贴合现代产业结构与需求的系统化课程体系设计，以及面向现代工程人才需求的系统化人才培养模式。通过这样的改革和发展，可以更好地培养适应新经济和新产业结构需求的工程人才。

在"新工科"建设背景下的现代"工程训练"课程中，具有鲜明工程性的训练项目是优秀的教学载体。以下是对这种课程特点的归纳。

(1)工程性。"工程训练"课程强调以工程项目为教学载体，注重学生在实践中完成完整的工程过程。通过参与仿真或真实的工程项目，学生可以全面了解和应用工程知识和技能。

(2)融合性。"工程训练"课程融合了新技术、多学科和教研学。它要求学生将不同学科领域的知识和技能进行整合，并运用到工程项目中。同时，教师团队也需要跨学科合作，共同设计和指导这些项目。

(3)多元性。"工程训练"课程有多元化的服务对象，包括基础教育、综合教育、专业教育、大学生竞赛和科研等方面。通过这样的设计，可以满足不同层次和需求的学生的培养要求。

(4)学生为主。"工程训练"课程注重以学生为主体的研究性和探索性训练教学。学生在项目中扮演积极的角色，参与问题定义分析、方案设计、实践探索和成果展示等环节，培养他们的自主学习和创新能力。

(5)跨界性。"工程训练"课程鼓励企业深度参与教学。通过与企业合作，学生可以接触真实的工程项目和工作环境，了解行业需求和现实挑战，提升解决问题的能力和职业素养。

综上所述，"新工科"建设背景下的现代"工程训练"课程具有明显的特点：工程性强、融合多学科、多元服务对象、以学生为主体的研究性和探索性训练，以及企业对教学的深度参与。这些特点旨在培养学生的综合素质和实践能力，使他们能够适应快速变化的工程环境并解决复杂的实际问题。

本书基于上述思想编写，并根据教育部 2009 年发布的《工程材料及机械制造基础系列课程教学基本要求》，制订了以下教学目标：学习工艺知识，增强工程实践能力，提高综合素质，培养创新精神和创新能力。

在贯彻这一教学目标的基础上，本书通过综合训练项目来培养学生在系统设计、工艺实施、工程问题研究、先进制造工艺系统应用等方面的工程能力。通过参与综合项目，学生可以深入了解工程实践的各个环节，并培养将理论知识应用到实际工程项目中的能力。此外，本书还致力于培养学生的创新思维和设计思维。通过项目训练，鼓励学生提出新颖的解决方案和设计理念，培养他们的创造力和创新能力。本书也注重培养学生的产品意识、伦理意识、环保意识和美学意识。在项目训练中，学生将接触到各种产品和工程实践，这将帮助他们理解产品的价值和影响，并考虑伦理、环境和美学等方面因素。同时，还着重培养以"客观、忠诚、担当、严谨"为特征的工程师精神，希望学生能够具备客观公正的态度、忠诚敬业的精神、承担责任的品质和严谨认真的工作态度。

总之，本书的目标是使学生具备较高的工程素养，包括系统设计、工艺实施、工程问题研究、先进制造工艺系统应用等方面的工程能力，同时培养学生的创新思维和设计思维，以及产品意识、伦理意识、环保意识和美学意识，最终使学生具备"客观、忠诚、担当、严谨"的工程师精神。

1.2 综合训练项目概述

综合训练项目是一种跨学科、综合性的教学方法，旨在培养学生综合运用所学知识和技能解决复杂问题的能力。它通常是以一个综合性的实际问题或任务为核心，涉及多个学科领域，并要求学生通过分析、设计、实践等环节探索和实施全面的解决方案。综合训练项目具有以下基本特征。

(1)跨学科性。综合训练项目要求学生跨越学科边界，综合运用不同学科领域的知识和技能。它可以涉及多个专业领域，如工程、科学、经济、管理等，使学生能够综合考虑问题，并提供综合性的解决方案。

(2)实践性。综合训练项目注重学生的实践操作和实际应用能力。学生需要通过实际的设计、制作、模拟、测试等实践活动来解决问题，从而加深对理论知识的理解。

(3)多环节。综合训练项目通常包含多个环节，如问题定义、需求分析、解决方案设计、实施计划制订、实践操作、结果评估等。学生需要在每个环节中进行思考和行动，并逐步完善解决方案。

(4)团队合作。综合训练项目鼓励学生进行团队合作。通过与其他成员合作，学生可以交流经验、分享资源，提高解决问题的效率和质量。

（5）创新性。综合训练项目注重培养学生的创新能力。学生需要面对复杂问题，思考创新的解决方案，并通过实践验证其可行性和有效性。

总之，通过综合训练项目，学生可以提升自己的综合素质和专业能力，培养解决复杂问题的能力以及跨学科合作的能力。同时，它也为学生提供了一个更贴近实际工作环境的学习体验，为他们未来的职业发展打下坚实的基础。本书主要介绍计算机辅助设计（Computer Aided Design，CAD）、3D 打印、熔模铸造等工艺的综合训练。

1.2.1 CAD 基础

CAD 是一项综合性的技术，涵盖计算机图形学、数据库、网络通信等多个领域的知识。在早期，CAD 的英文全称为 Computer Aided Drafting（计算机辅助绘图），意味着它主要用于辅助绘制工程图纸。随着计算机硬件和软件技术的发展，人们逐渐认识到真正的设计不应该局限于绘图阶段，而应该包含整个产品设计过程。

如今，CAD 已经发展成为一个更广泛的概念，涉及整个产品的辅助设计过程，包括产品的构思、功能设计、结构分析、加工制造等方面。二维的工程图绘制只是产品设计中的一小部分。因此，CAD 的英文全称从 Computer Aided Drafting 改为 Computer Aided Design，强调其在整个产品设计中的作用，不再仅指辅助绘图。

CAD 是先进制造技术的重要组成部分，并且在提高设计水平、缩短产品开发周期、增强行业竞争力方面起着关键作用。它利用计算机的计算能力和图形处理功能，提供了更高效、精确和灵活的设计工具。通过 CAD，设计人员可以进行 3D 建模、运动仿真、结构分析等操作，从而优化产品设计、减少错误和成本，并加快产品推向市场的速度。

综上所述，CAD 是一项综合性的技术，它在整个产品设计过程中起辅助作用，不仅限于绘图阶段。CAD 的发展对于提升设计水平、缩短产品开发周期和增强行业竞争力具有重要意义。

1.2.2 3D 打印基础

3D 打印是从 20 世纪 80 年代后期发展起来的一项先进制造技术。它可以根据 CAD 模型直接生产样件或零部件，通过集成 CAD、数控技术、激光技术和材料技术等现代科技成果，实现快速、精确的制造过程。

相比传统的制造方法，3D 打印从 CAD 模型出发，利用软件分层离散和数控成型系统，通过激光束或其他方法逐层堆积材料，最终形成实体零部件。3D 打印将复杂的 3D 制造转化为一系列二维制造的叠加，因此可以在不需要模具和工具的情况下生成几乎任意复杂的零部件，这大大提高了生产效率和制造灵活性。

3D 打印对制造业具有重要影响。与 20 世纪 50 年代的数控技术相比，3D 打印更加自动化、直接化、快速精确。它可以将设计思路快速转化为具有一定功能的原型或直接制造零部件，从而使产品设计能够快速进行评估、修改和功能试验，大大缩短了产品的研制周期。

3D 打印在许多领域都有广泛的应用。例如，在制造领域，它可以用于快速原型制作、定制化生产和小批量生产；在医疗保健领域，它可以用于生物打印、医学模型制作和个性化医疗器械制造；在建筑设计领域，它可以用于建筑构件制造和快速建筑原型制作。此外，3D 打印还在航空航天、汽车制造、艺术创作等领域展现出巨大潜力。

总而言之，3D 打印是近年来发展起来的一项重要制造技术，通过将 CAD 模型转化为实体零部件的堆积，实现快速、精确和灵活的制造。它对制造业具有深远影响，可以加快产品开发和创新，并提供更多定制化和灵活化的解决方案。

1.2.3 熔模铸造基础

熔模铸造是一种精密铸造技术，它使用易熔材料(如蜡料或塑料)制造可熔性模型。该技术的主要步骤包括模具制备、涂覆耐火涂料、模型熔掉和铸造等，具体如下。

(1)使用易熔材料制作出与最终产品形状相似的模型，这个模型被称为熔模或模型。通常使用蜡料或塑料来制作模型，因为它们易于加工和熔化。

(2)在模型表面涂覆特殊的耐火涂料，这些涂料经过干燥和硬化，形成一个整体型壳。这个型壳可以承受高温而不变形，并保护模型在铸造过程中的完整性。

(3)通过蒸汽或热水将型壳中的模型熔掉，形成空腔。这一步骤被称为模型熔掉或脱蜡，因为模型由易熔材料制成，可以通过加热使其熔化并流出。

(4)将型壳置于砂箱中，并在型壳周围填充干砂进行造型。填充干砂的目的是提供支撑和固定型壳，确保其在铸造过程中不变形。

(5)将铸型放入焙烧炉中进行高温焙烧。焙烧的目的是使得型壳更加坚硬和耐火，在高温下能够承受金属的铸注。

(6)经过焙烧的型壳的空腔可以被熔融金属填充，形成最终的铸件。

由于采用了精密模型和耐火涂料，通过熔模铸造工艺得到的铸件具有尺寸精确、棱角清晰和表面光滑的特点，接近于最终零部件的形状。因此，熔模铸造也被称为近净成形铸造方法，而且可以达到较高的制造精度。

熔模铸造具有许多优势，如可以生产形状复杂、精度高和表面质量良好的零部件。它在航空航天、汽车、医疗器械等领域得到广泛应用。然而，熔模铸造也有一些缺点，如工艺复杂、生产周期长和成本较高。因此，在选择铸造工艺时，需要综合考虑产品要求和生产成本等因素。

第 2 章
CAD 详解

2.1　CAD 的发展历史

CAD 是指利用计算机技术辅助进行工程、产品等各个领域的设计和制图，它是现代工程设计中不可或缺的工具之一，大大提高了设计效率和准确性。下面简单介绍 CAD 的发展历史。

（1）20 世纪 50 年代。CAD 的雏形出现在计算机图形学的研究中，当时计算机的体积非常庞大且昂贵，只有少数几个实验室可以使用。

（2）20 世纪 60 年代。随着计算机硬件和软件技术的进步，最早的商业化 CAD 系统开始出现，用于解决航空航天、汽车等领域的设计问题。这些系统主要基于向量图形的表示方法。

（3）20 世纪 70 年代。计算机价格下降，小型计算机的问世使得更多的公司和组织能够购买和使用 CAD 系统。此时的 CAD 系统已经可以进行 3D 建模，并开始应用于建筑和机械设计领域。

（4）20 世纪 80 年代。个人计算机的普及使 CAD 进一步得到推广，出现了更多的 CAD 软件和系统。此时的 CAD 系统已经具备了对用户友好的界面和更强大的功能，成为用户的重要工具。

（5）20 世纪 90 年代。CAD 系统开始向多领域拓展，涵盖建筑、土木工程、电子、服装等领域。此时的 CAD 软件已经支持参数化设计和可视化仿真等功能。

（6）21 世纪。随着互联网的普及，基于云计算和协作的 CAD 平台开始出现。这使用户可以在不同地点协同工作，实时进行设计和交流。

（7）当前。CAD 继续发展，涌现出更多的 CAD 软件和系统，如 AutoCAD、CATIA、SolidWorks 等。同时，CAD 也与其他技术结合，如虚拟现实（Virtual Reality，VR）、增强现实（Augmented Reality，AR）等，为用户提供更加沉浸式和直观的设计体验。

总的来说，CAD 经过多年的发展和演进，从最初的研究阶段到商业化应用，再到如今的高度集成和云端协作，为各个领域的用户提供了强大的工具和创造力。它在提高设计效率、降低成本、提高产品质量等方面发挥了重要的作用，并将继续在相关的理工、艺术、传媒等领域未来的发展中扮演关键角色。

2.1.1 3D 建模的基础——线框模型

20 世纪 60 年代末，人们开始研究用线框和多边形构造 3D 实体，这样的模型被称为线框模型。3D 物体是由它的全部顶点及边的集合来描述的，线框由此得名，线框模型就像人类的骨骼。

线框模型是 3D 建模中最基础的表示方法之一，如图 2-1 所示。它以简化的线条和点的形式来描述物体的外观和结构，而不考虑物体的颜色、纹理和表面属性。

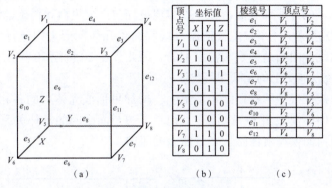

图 2-1 线框模型表示方法
(a)模型；(b)顶点表；(c)棱线表

1. 线框模型的特点

(1)简洁性。线框模型使用简单的线条和点来表示物体的边缘和结构，使得模型具有清晰明了的可视化效果。

(2)低存储和计算开销。相比其他表示方法，线框模型所需的存储空间和计算资源较少，适合在计算能力有限的设备上使用。

(3)可编辑性。线框模型易于编辑和修改，可以快速调整物体的形状和结构。

2. 线框模型的应用

(1)设计和建筑。线框模型常用于建筑设计、产品设计等领域，通过几何形状的线条表示物体的结构和比例关系。

(2)动画和游戏开发。线框模型在动画和游戏开发中扮演着重要角色，为角色、场景等物体提供基本的形状和结构。

(3)工程和制造。线框模型在工程和制造领域中用于进行结构分析、装配工艺规划等，有助于提前检查设计的合理性和可行性。

从线框模型的特点和应用中，人们发现其优点是具有物体的 3D 数据，可以产生任意视图，视图间能保持正确的投影关系，这为生产工程图带来了方便；能生成透视图和轴侧图，这在二维系统中是做不到的；从计算机存储角度来看，构造模型的数据结构简单，可以节约计算机资源。此外，线框模型最大的优点就是学习简单，它是人工绘图的自然延伸。线框模型的缺点是所有的棱线全部显示，有时会造成视觉错误；缺少曲线棱廓，表现圆柱、球体等曲面比较困难；由于数据结构中缺少边与面、面与面之间的关系信息，不能构成实体，无法识别面与体，不能区别体内与体外，不能进行剖切，不能进行两个面求交，不能自动划分有限元网络等。

虽然线框模型缺乏颜色和纹理等表面属性的表示，但它仍然是 3D 建模的基础。在实际应用中，线框模型通常会与其他渲染技术相结合，如填充模型、体素模型等，以获得更加真实和详细的视觉效果。目前，许多 CAD/CAM（Computer Aided Manufacturing，计算机辅助制造）系统仍将此模型作为表面模型和实体模型的基础。

2.1.2 第一次技术革命——曲面造型技术

CAD 系统的第一次技术革命是曲面造型技术的引入和应用。曲面造型是指利用数学曲面来描述和表示物体的外形和表面特征，以实现更加自由、灵活和精确的设计。

在早期的 CAD 系统中，用户主要使用直线和简单几何图形来构建物体的模型，用这种方法处理复杂的曲线和曲面结构是非常困难的。因此，在 20 世纪 70 年代，曲面造型技术的引入成为 CAD 系统发展史上的重要里程碑。

曲面模型是在线框模型的数据结构基础上，增加可形成立体面的各相关数据后构成的。与线框模型相比，曲面模型多了一个面表，记录了边与面之间的拓扑关系，如图 2-2 所示。与线框模型相比，曲面模型就像贴伏在骨骼上的肌肉。

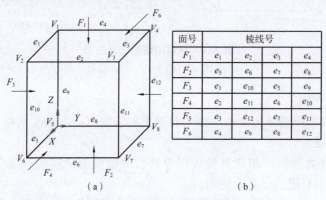

图 2-2　曲面模型表示方法
（a）模型；（b）面表

1. 曲面造型技术的特点

（1）自由度高。曲面造型技术使得用户可以更加自由地创建各种曲线和曲面，能够更准确地达到设计的意图和要求。用户可以通过控制曲面的参数和调整控制点来实现形状的变化和微调。

（2）精度和质量高。曲面造型技术允许用户创建平滑、连续的曲线和曲面，以呈现更精确的几何形状和外观。曲面模型具有更高的建模精度，并且可以避免出现直线或平面无法准确表达的复杂曲线形状。

（3）复杂性处理能力。曲面造型技术可以处理各种复杂的几何形状和外观要求，如自由曲面、扭曲曲线、弯曲边界等。通过曲面造型技术，可以更好地满足不同领域的设计需求，包括汽车、航空航天、船舶、建筑等领域。

（4）直观性和可视化。曲面造型技术在 CAD 系统中提供了直观的界面和操作方式，使得用户可以通过图形用户界面（Graphical User Interface，GUI）直接编辑和调整曲面模型。同时，曲面造型技术还支持实时渲染和预览，以便用户可以即时查看模型的外观效果。

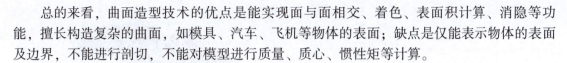

总的来看，曲面造型技术的优点是能实现面与面相交、着色、表面积计算、消隐等功能，擅长构造复杂的曲面，如模具、汽车、飞机等物体的表面；缺点是仅能表示物体的表面及边界，不能进行剖切，不能对模型进行质量、质心、惯性矩等计算。

2. 曲面造型技术的应用

（1）汽车设计。曲面造型技术在汽车工业中得到广泛应用，如设计汽车外观和内饰。它允许用户创建流线型的车身曲面，以具备更好的空气动力学性能和美学效果。

（2）工业设计。曲面造型技术在工业产品设计中也起着重要作用，如设计电子产品外壳、家具、家电等。它可以帮助用户创造出富有创意和独特的产品形态。

（3）航空航天工程。曲面造型技术在制造飞机、航天器等航空航天工程实践中得到广泛应用。用户可以使用曲面造型技术来创建流线型机身、翼型和其他复杂的几何形状，以提高飞行性能并降低风阻。

总之，曲面造型技术的引入和应用使得 CAD 系统在处理复杂几何形状和外观要求方面取得了重大突破，为用户提供了更强大和灵活的工具，推动了 CAD 系统的发展和应用。

常见的曲面造型技术如下。

（1）延伸技术：可生成平面、直纹面、柱状面等曲面，如图 2-3 所示。

（2）回转技术：可生成圆柱面、球面、圆锥面、环面等回转面，如图 2-4 所示。

（3）蒙皮/放样技术：可生成自由曲面，如贝塞尔曲面、B 样条曲面、Coons（孔斯）曲面等，如图 2-5 所示。

（4）扫描技术：可根据实际物体生成曲面，如图 2-6 所示。

（5）过渡技术：可生成圆角、倒角等，如图 2-7 所示。

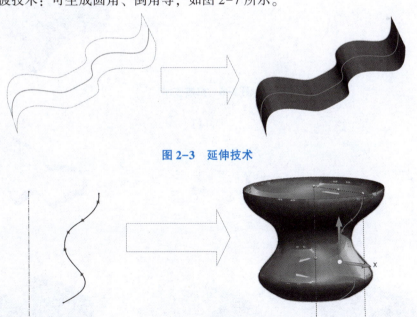

图 2-3 延伸技术

图 2-4 回转技术

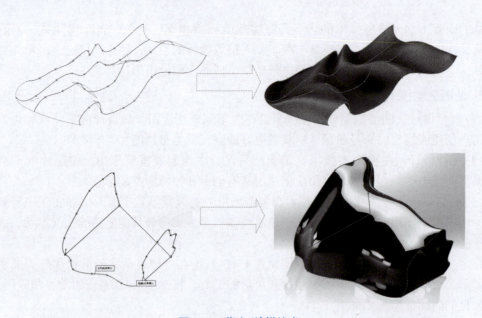

图 2-5　蒙皮/放样技术

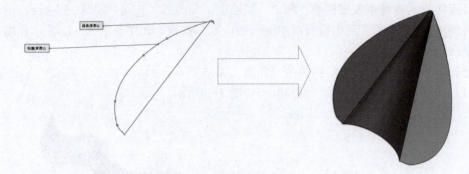

图 2-6　扫描技术

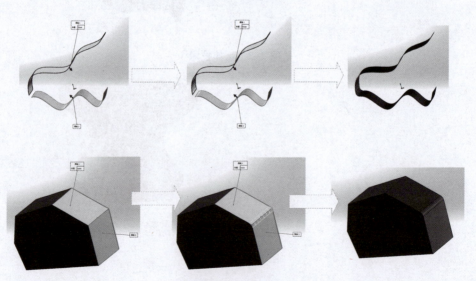

图 2-7　过渡技术

2.1.3　第二次技术革命——实体造型技术

CAD 系统的第二次技术革命是实体造型技术的引入和应用。实体造型是指利用 3D 几何实体来描述物体的形状、体积和结构，以实现更加真实、精确和全面的设计。

进入 20 世纪 70 年代，CAD 软件价格依然令一般企业望而却步，这使得 CAD 软件无法拥有更广阔的市场。

在早期的 CAD 系统中，用户主要使用曲线和曲面来构建物体的模型，但这种表达方式只能表达形体的表面信息，难以准确表达零部件的其他特性，如质量、重心、惯性矩等，对 CAE(Computer Aided Engineering，计算机辅助工程)十分不利。因此，在 20 世纪 80 年代，实体造型技术的引入成为 CAD 系统发展的重要里程碑。基于对 CAD/CAE 一体化技术发展的探索，SDRC 公司在美国国家航空航天局(National Aeronautics and Space Administration，NASA)支持下，于 1979 年发布了世界上第一个完全基于实体造型技术的大型 CAD/CAE 软件——I-DEAS。实体模型能精确表达零部件的全部属性，在理论上统一了 CAD/CAE/CAM 系统，由此带来了 CAD 发展史上第二次技术革命，其示例如图 2-8 所示。

图 2-8　实体模型示例

1. 实体造型技术的特点

(1)内外一体性。实体造型技术能够同时描述物体的外观和内部结构，包括物体的体积、形状、边界和空洞等。它提供了对物体完整性和连通性的准确表示，使得用户可以更好地理解和控制模型。

(2)几何和拓扑信息。实体造型技术不仅提供物体的几何信息，还提供了物体的拓扑信息，如面、边和顶点的连接关系。这些信息对于结构分析、碰撞检测和工程仿真等任务非常重要。

(3)参数化和约束。实体造型技术支持参数化设计和约束管理，模型的形状和尺寸可以通过调整参数或应用约束来自动更新。这样，用户可以快速修改模型，同时确保其满足特定的设计要求。

(4)建模操作和编辑。实体造型技术提供了丰富的建模操作和编辑工具，如布尔运算、修剪、倒角、拉伸等。这些操作能够方便地对实体模型进行切割、组合和变形，以创建复杂的几何形状。

(5)物理属性和仿真。实体造型技术支持为模型添加物理属性，如质量、密度、弹性等，以便进行物理仿真和工程分析。这些操作有助于预测和评估设计在现实世界中的行为和性能。

2. 实体造型技术的应用

(1)机械工程。实体造型技术在机械工程领域中得到广泛应用，如设计各种机械零部件和装配体。它可以帮助用户创建具有复杂几何形状和内部结构的零部件，并进行结构分析和工程仿真。图 2-9、图 2-10 所示分别为实体造型技术应用于飞机和汽车设计。

数控加工　航空钣金设计　复合材料零件设计　电气系统设计　液压系统设计　管路设计　航空标准件

分析

航空结构设计

内部布局设计

航空发动机设计

机构设计

电子样机　　装配工装设计

图 2-9　实体造型技术应用于飞机设计

分析　　　　电子样机　　　　外形曲面设计

零件设计

逆向工程

模具设计与加工

零件加工

车身结构件设计　电气系统设计

图 2-10　实体造型技术应用于汽车设计

（2）塑料注塑和金属成型。实体造型技术在塑料注塑和金属成型等制造过程中发挥重要作用。通过创建实体模型，用户可以进行模具设计、材料分析和工艺规划等任务。

（3）建筑和土木工程。实体造型技术在建筑和土木工程中被广泛使用，如设计建筑物、构件和基础设施等。它可以帮助建筑师和工程师创建具有复杂几何形状和内部结构的建筑元素，并进行结构分析和可视化展示。

总之，实体造型技术的引入和应用使得 CAD 系统能够更好地处理物体的几何形状、空间关系和内部结构，为用户提供了更强大和全面的设计功能。

3. 实体造型技术的表示方法

实体造型技术主要采用的表示方法为边界表示法（Boundary Representation，B-Reps）和结构实体几何表示法（Constructive Solid Geometry，CSG），后者也叫特征表示法（Feature-based Representation），如图 2-11 所示。

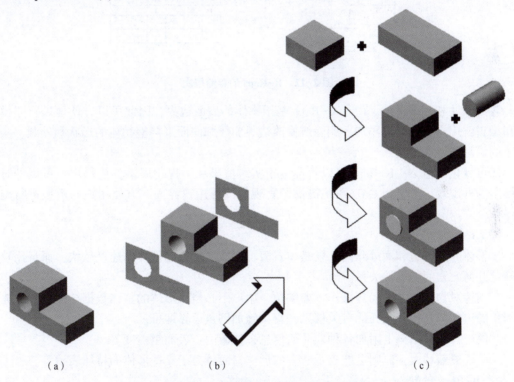

图 2-11　实体造型技术的表示方法
（a）实体；（b）边界表示法；（c）结构实体几何表示法

1）B-Reps

B-Reps 通过描述物体的表面边界来确定其形状和结构。B-Reps 将物体表示为一组相互连接的面、边和顶点的集合，能够准确地表示物体的外观和外形。

在 B-Reps 中，物体由一系列有向面组成，每个面可以是平面或曲面，并且由一组边界曲线或曲面组成。这些边界曲线由连接的顶点和边组成，形成了面的边界。每个边界曲线可以是直线段、圆弧、样条曲线等。边界曲线和曲面之间的连接关系可以通过拓扑数据结构（如半边数据结构）进行表示。

（1）B-Reps 的特点。

①几何精度。B-Reps 可以提供高精度的几何表示，能够准确地捕捉物体的复杂形状和曲面特征。通过使用大量的顶点和边界曲线来描述边界，可以得到接近实际物体的几何模型。

②拓扑信息。B-Reps 除了能够描述物体的几何信息外，还能够存储和表示物体的拓扑结构，如点、边和面的连接关系，其存储层次如图 2-12 所示。这些拓扑信息对于进行结构分析、碰撞检测和工程仿真等任务非常重要。

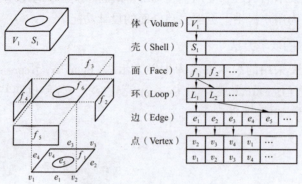

图 2-12　B-Reps 的存储层次

③灵活性和可编辑性。由于 B-Reps 基于物体的表面边界，因此可以方便地进行建模操作和编辑。用户可以通过添加、删除或修改边界曲线和曲面来调整物体的形状和外观，实现快速的设计修改和迭代。

④可视化和渲染。B-Reps 可以直接用于实时渲染和可视化展示，使得用户可以即时查看模型的外观效果。它为 CAD 系统提供了直观的图形用户界面，方便用户与模型进行交互和操作。

（2）B-Reps 的优点。

①形体的点、边和面等几何元素是显式表示的，使得绘制形体的速度较快，而且比较容易确定几何元素间的连接关系。

②支持对物体的各种局部操作，如倒角，用户不必修改形体的整体数据结构，只需提取被倒角的边和与它相邻两面的有关信息，直接施加倒角运算即可。

③便于在数据结构上附加各种非几何信息，如精度、表面粗糙度等。

④由于覆盖域大，原则上能表示所有的形体，而且易于支持形体的特征表示等。

（3）B-Reps 的缺点。

①数据结构复杂，需要大量的存储空间，维护内部数据结构的程序比较复杂。

②不一定对应一个有效形体，通常还需要运用欧拉操作来保证形体的有效性、正则性等。

在使用 B-Reps 时，用户可以通过选择适当的边界曲线和曲面类型，以及控制曲线和曲面的参数，来精确地描述物体的形状和外观。B-Reps 已成为当前 CAD/CAM 系统的主要表示方法，广泛应用于汽车设计、航空航天工程、产品设计、建筑设计等领域，能够满足具有复杂几何形状和外观要求的建模需求。

2）CSG

CSG 通过使用基本的几何形状和布尔运算来创建复杂的实体模型。CSG 以物体的部件形式表示，并通过逻辑运算对这些部件进行组合、切割和修改，从而生成最终的实体模型。

在 CSG 中，常用的基本体素包括立方体、球体、圆柱体、圆锥体等，如图 2-13 所示。这些基本体素可以通过参数化定义，如指定它们的中心点、尺寸、半径、高度等。通过布尔运算（如并集、交集和差集）来组合这些基本体素，可以创建出更加复杂的几何结构，如图 2-14 所示。

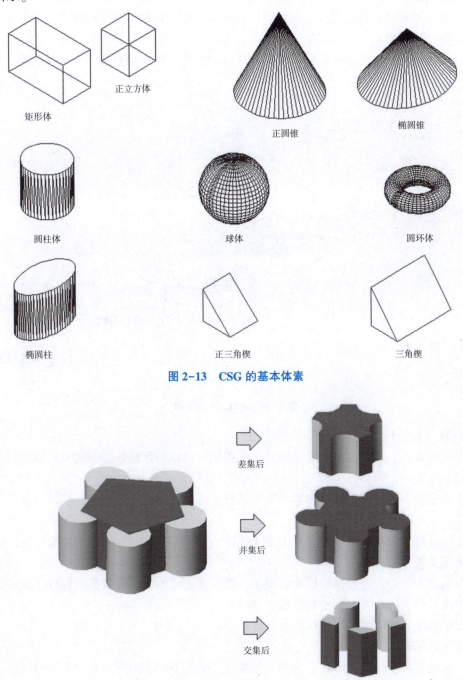

图 2-13　CSG 的基本体素

图 2-14　通过布尔运算创建复杂的几何结构

（1）CSG 的步骤。

CSG 的主要步骤可以看成是一棵有序的二叉树，如图 2-15 所示，具体如下。

①定义基本几何形状：选择合适的基本几何形状，并指定其几何属性和参数。

②进行布尔运算：使用布尔运算符（并集、交集和差集）将基本几何形状组合起来。例如，通过并集运算可以将两个或多个基本几何形状叠加在一起，形成一个新的几何体。

③重复布尔运算：根据设计需求，可以多次进行布尔运算，逐步构建出更加复杂的几何结构。例如，通过多次交集和差集运算可以实现挖空、切割和修剪等操作。

④优化和编辑：对生成的几何模型进行优化和编辑，包括调整尺寸、平滑曲面、添加细节等。

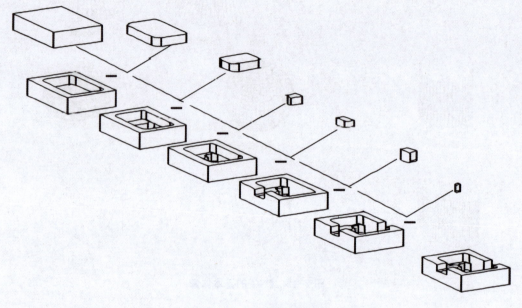

图 2-15　CSG 的二叉树

（2）CSG 的优点。

①参数化设计。CSG 支持参数化建模，使得用户可以轻松地修改和调整模型的尺寸、形状和结构。

②快速建模。通过使用基本体素和布尔运算，可以快速创建复杂的几何体，加快了建模过程。

③工程分析。CSG 提供了准确的几何和拓扑信息，可以方便地进行工程分析、碰撞检测、结构仿真等任务。

④数据量小。CSG 的数据结构比较简单，数据量比较小，内部数据的管理比较容易。

⑤转换容易。CSG 可方便地转换成 B-Reps。

⑥易于修改。形体的形状比较容易修改。

（3）CSG 的缺点。

①在处理复杂模型时，可能会遇到一些挑战，如模型的求解性能和表达能力限制。

②对形体的表示受体素的种类和对体素操作的种类的限制，即表示形体的覆盖域有较大的局限性。

③对形体的局部操作不易实现，如不能对基本体素的交线倒圆角。

④形体的几何元素(点、边和面)是隐式地表示,使得绘制形体需要较长的时间。

与其他建模技术相比,CSG 具有直观性和易于编辑的优势,使其成为 CAD 系统中重要的建模工具之一,在虚拟现实、游戏开发和计算机图形学中得到广泛应用,如构建并编辑虚拟环境中的物体和场景。

2.1.4　第三次技术革命——参数化技术

1. 参数化技术

CAD 的第三次技术革命是指参数化技术的引入和广泛应用。参数化技术的发展极大地改变了传统 CAD 软件的建模方式,为工程设计提供了更高效、灵活和可重用的设计手段。

20 世纪 80 年代中晚期,计算机技术迅猛发展,硬件成本大幅度降低,CAD 软件的硬件平台成本从二十几万美元降到几万美元。很多中小型企业也开始有能力使用 CAD 软件。

1988 年,参数技术公司(Parametric Technology Corporation,PTC)采用面向对象的统一数据库和全参数化造型技术开发了 Pro/ENGINEER(如今被整合为 Creo)软件,为 3D 实体造型提供了一个优良的平台。参数化造型(又称参数化造型技术)的主体思想是用几何约束、工程方程与关系来说明产品模型的形状特征,从而达到设计一系列在形状或功能上具有相似性的设计方案。目前,能处理的几何约束类型基本上是组成产品形体的几何实体公称尺寸关系和尺寸之间的工程关系,因此参数化造型技术又称尺寸驱动(Dimension-Driver)几何技术。

特征参数化技术是参数化技术在 CAD 软件中应用最广泛的一种,主要是基于特征表示法,将物体的形状和结构分解为一系列基本几何元素和操作。每个特征表示一个物体的局部几何属性,如孔、凸台、槽等,并包含与之相关的几何信息和尺寸参数。这些特征通过一些操作符进行组合,如布尔运算、修剪、倒角等,以创建和修改物体的形状。

特征参数化技术的主要思想是将设计过程中的几何形状和尺寸抽象为参数,通过调整参数的值来实现对设计的控制和修改。用户可以使用 CAD 软件提供的参数化建模工具,在设计过程中定义和管理各种特征,并为这些特征设置相关的尺寸和约束条件。通过调整参数的值,可以实时预览和修改模型的几何形状和尺寸,快速生成不同版本的设计方案。

参数化设计是 CAD 软件在实际应用中提出的课题,它不仅使 CAD 软件具有交互式绘图功能,还具有自动绘图的功能。

目前各个商业公司在软件中实现参数化技术的方法主要包含以下 3 种:

(1)基于几何约束的数学方法;

(2)基于几何原理的人工智能方法;

(3)基于特征模型的造型方法(特征工具库,包括标准件库均可采用该项技术)。

其中,数学方法又分为初等方法和代数方法。初等方法利用预先设定的算法,求解一些特定的几何约束。这种方法简单、易于实现,但仅适用于只有水平和垂直方向约束的场合。代数方法则将几何约束转换成代数方程,形成一个非线性方程组。该方程组求解较困难,因此实际应用受到限制。人工智能方法是利用专家系统,对图形中的几何关系和约束进行理解,运用几何原理推导出新的约束,这种方法的速度较慢,交互性不好。

参数化技术在 CAD 软件中的应用有多种表示方法和实现技巧,以下是常见的实现参数化技术的方法。

（1）尺寸参数化。尺寸参数化是最基本也是最常见的参数化技术。它通过定义模型的尺寸参数来控制模型的大小、比例和形状。用户可以根据需要自定义线段的长度、圆的半径、曲面高度等尺寸参数，并将其应用于相应的几何元素。通过改变这些参数的值，可以实时调整模型的尺寸。

（2）几何参数化。几何参数化是指使用几何特征和属性参数来描述和控制模型的形状和结构。例如，可以使用角度参数来控制曲线的倾斜角度，或使用位置参数来控制点的位置。几何参数化可以通过数学公式或几何关系来定义和计算，从而实现对模型的形状和结构进行精确控制。

（3）条件约束。条件约束是一种建立参数之间的约束关系，以确保模型在参数变化时保持一致性和合理性的方法。例如，可以设置两个参数之间的等式或不等式关系，如两条线段的长度之和固定为一个常数。条件约束可以避免参数取值范围的错误和不一致，保证模型在设计过程中满足特定的要求。

（4）功能约束。功能约束是指将模型的功能需求与参数化技术相结合，以实现自动化生成和优化设计的方法。例如，在机械设计中，可以根据特定的运动要求和力学性能要求，定义参数化模型的功能约束条件。通过优化算法和分析工具，可以自动化地搜索并生成满足这些功能约束的设计方案。

（5）数据驱动设计。数据驱动设计是指利用已有的设计数据和经验知识，通过分析和学习来生成新的设计方案。参数化技术可以与数据驱动设计相结合，通过建立模型与数据之间的关联和规律，自动化地生成符合预期的设计。这种方法适用于大规模或重复性设计任务，可以显著提高设计效率和准确性。

这些方法和技巧可以根据具体的设计要求和应用领域进行灵活的组合和应用。通过使用参数化技术，用户可以更好地控制和修改模型，加快设计迭代速度，提高设计效率和创新性。然而，参数化技术的应用也需要面对参数管理、求解效率、模型复杂性和性能优化等方面的挑战。因此，在使用参数化技术时，需要综合考虑设计需求、系统性能和用户体验等因素，并选择适合的方法和工具。

参数化技术系统的指导思想是：只要按照系统规定的方式去操作，系统保证生成的设计的正确性及效率性，否则拒绝操作。这种思想无疑是非常高效的，但也存在以下缺点。

（1）用户必须遵循软件内在使用机制，如决不允许欠尺寸约束、不可以逆序求解等。

（2）当零部件截面形状比较复杂时，将所有尺寸表达出来会比较困难。

（3）只有尺寸驱动这一种修改手段，那么应该改变哪一个（或哪几个）尺寸来确保形状朝着自己满意方向改变呢？这很难判断。

（4）尺寸驱动的范围是有限制的。如果给出了不合理的尺寸参数，使某特征与其他特征相互干涉，则会引起拓扑关系的改变。

（5）从应用上来说，参数化技术系统特别适用于那些技术已相当稳定的成熟的零配件行业。这样的行业，零部件的形状改变很少，常采用类比设计，即形状基本固定，只需改变一些关键尺寸就可以得到新的系列化设计结果。

2. 特征

关于特征，目前还没有统一、公认的概念。概括地讲，它是几何特征和工程特征的集成，即几何信息、工程信息及其依靠联系（生成信息）的集成。特征有多种，如过渡特征、草图特征、凸台特征和定位特征等。特征概念中所谓的依靠联系是特征造型和实体造型的最大差异，特征模型记录了建模的整个操作过程，而实体造型体系仅记录了最终的造型成果。

特征的定义在不同的领域和应用中可能存在一些差异。特征的概念可以因设计任务、工程领域、CAD 软件等的不同而不同。在 CAD 软件中，特征通常指的是模型的基本体素和结构元素，用于描述和控制模型的属性和参数。

在实际应用中，根据特定的需求，不同的人或组织可能会对特征进行自定义和扩展。例如，在某些 CAD 软件中，特征被定义为具有一组参数和操作的几何元素，可以通过修改这些参数来改变模型的形状。而在其他领域中，特征的定义可能更加广泛，包括从几何形状到材料属性、工艺信息等方面的内容。

尽管特征的定义可能存在差异，但它们共同的目标是提供一种方式来描述和控制模型的关键属性和参数，以便进行设计、分析、优化和制造等操作。特征的使用可以帮助用户更好地理解和处理模型，并提高设计过程的效率和灵活性。

在不同的 CAD 软件中，特征的表示和操作方式也会有所不同。因此，在具体的应用中，了解特定 CAD 软件中特征的定义和用法是非常重要的。这样可以更好地理解和应用特征技术，以满足特定设计任务和需求。

一个特征应或多或少满足以下条件。

(1)零部件的物理组成部分。这个条件指出特征应该是构成零部件的基本元素或部分。它强调了特征应该能够从整体结构中被单独识别出来，并具备一定的实体形态。

(2)可以映射到某一个具体的形状。这个条件指出特征应该与某个具体的几何形状相对应。特征可以通过参数化方式定义，使得它们能够根据设计要求和参数值的变化而改变形状。

(3)有工程意义。这个条件强调特征在工程设计中的重要性和应用价值。一个具有工程意义的特征通常会影响零部件的功能、性能、制造工艺或组装要求等方面。

(4)有可以预知的属性。这个条件指出特征应该具有可预测的属性或行为。例如，特征的尺寸、位置、材质等属性应该是可以确定的，并且可以通过特征的定义和参数值来预测和控制。

以上条件提供了一种通用的框架，用于界定特征的基本特性和要求。在实际应用中，用户可以根据具体的需求和标准，将这些条件用于定义和识别特征，并在 CAD 系统中进行建模和操作。

需要注意的是，这些条件并不是唯一的特征定义标准，不同的学者和领域可能会有其他不同的观点和定义。因此，在使用特征的过程中，应该结合具体的设计任务和应用要求，灵活地运用特征概念，并参考相应的标准和指南。

在常见的 CAD 软件中，特征是指模型的基本几何形状和结构元素。特征描述了模型的关键属性和参数，使得模型的设计和修改过程更加灵活和高效。下面对 CAD 软件中常被归纳为特征的功能和操作进行介绍。

（1）线段。线段是最简单的特征之一，用于连接两个点并定义直线段的路径参数。线段通常由起点和终点坐标确定，可以用来描述模型的边界、轮廓或其他几何元素。

（2）圆弧。圆弧是一个曲线特征，是圆的一部分弧段。它由圆心、半径和起止角度等参数确定，用于描述模型的弯曲特征，如圆弧边缘、弯曲的曲面等。

（3）曲线。曲线是一条光滑的路径特征，可以通过数学公式或控制点定义。常见的曲线类型包括 B 样条曲线、NURBS(Non Uniform Rational B-spline，非均匀有理 B 样条)曲线、贝塞尔曲线等，用于描述复杂的非线性形状。

（4）曲面。曲面是一个平滑的二维特征，由曲线或边界线围成。曲面可以使用数学公式或控制点定义，常见的曲面类型包括 B 样条曲面、NURBS 曲面等，用于描述模型的复杂非平面表面。

（5）孔洞。孔洞是模型中的一个特殊区域，它被定义为从外部到内部的轮廓。孔洞可以是简单的圆形或矩形，也可以是更复杂的形状，如多边形、自由曲线等。

（6）倒角和圆角。倒角和圆角是对模型边缘进行修饰的特征。倒角是将两个边缘连接成一段斜角，而圆角则是将两个边缘连接成一段圆弧。它们可以用来改善模型的外观、减少应力集中和提高制造可行性。

（7）拉伸和旋转。拉伸和旋转是将模型沿指定路径或轴线进行拉伸或旋转的特征操作。拉伸可将二维形状拉伸为 3D 形状，旋转可将二维形状绕轴线旋转生成 3D 形状。

（8）镜像和阵列。镜像和阵列是模型复制和对称操作的特征。镜像通过沿一个平面将模型复制一次或多次，生成以该平面为轴镜像对称的模型。阵列通过沿指定路径或轴线复制模型，生成一系列规律排列的模型。

（9）螺纹和螺旋。螺纹和螺旋是用于描述螺栓、螺母等带有螺纹结构形状的特征。它们可以使用参数化方法定义，包括螺距、螺纹类型、螺纹方向等。

这些特征在 CAD 软件中被广泛应用，用于描述和控制模型的形状、尺寸、结构和其他属性，表示设计意图，简化传统 CAD 系统中烦琐的造型过程，以及从高层次上对具体的几何元素(如点、线、面)进行封装。用户可以根据具体的需求和设计要求将这些特征组合使用，快速创建、修改和分析模型。这些特征也为 CAD 软件提供了丰富的功能和工具，使得设计过程更加方便快捷。

3. 特征的分类

特征可以按照不同的标准进行分类，以下是特征的常见分类方式。

（1）根据特征所描述的属性类型，可以将特征分为几何特征和非几何特征。几何特征主要描述零部件的形状、尺寸和位置等几何属性，如孔、凸台、平面等；非几何特征则描述零部件的其他属性，如材料、表面处理、工艺信息等。

（2）根据特征所承载的信息类型，可以将特征分为形状特征和功能特征。形状特征主要描述零部件的几何形状，如棱角、曲线等；功能特征描述零部件的功能需求，如孔的过孔、盖放等。

（3）根据特征在制造和装配过程中的作用，可以将特征分为制造特征和装配特征。制造特征指导零部件的制造加工过程，如孔的钻削、倒角等；装配特征描述零部件在产品装配中的定位、连接关系等，如孔的配合、螺纹等。

（4）根据特征在设计中的重要性，可以将特征分为主要特征和次要特征。主要特征是对零部件功能和行为具有重要影响的特征，如关键孔、轴向等；次要特征对零部件的功能和行为影响较小，如装饰性特征、标记等。

（5）根据特征的表示方式，可以将特征分为单值特征和多值特征。单值特征仅具有一个参数或属性值，如直径、长度等；而多值特征可以具有多个参数或属性值，如斜面的角度和长度。

此外，特征还可以按图2-16、图2-17所示的方式进行分类。

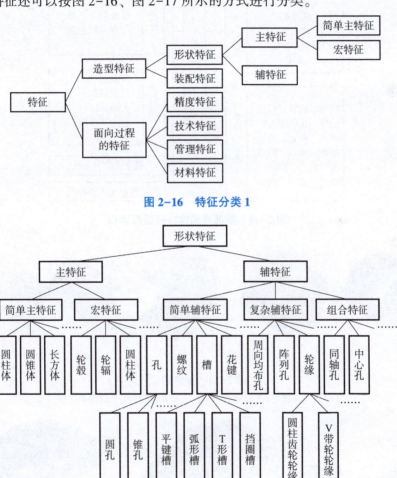

图2-16 特征分类1

图2-17 特征分类2

这些分类方式提供了一种对特征进行组织和理解的方法。不同的分类方式适用于不同的应用场景，可以帮助用户更好地管理和操作特征，实现高效的设计过程。需要注意的是，以上分类方式并不是唯一的，具体的分类方式还会受到不同领域和应用的影响。

参数化技术要求全尺寸约束，即用户在设计的全过程中，必须将形状和尺寸联合起来考虑，并且通过约束尺寸来控制形状，通过尺寸改变来驱动形状改变，一切以尺寸（即参数）为出发点，这就干扰和制约了用户创造力及想象力的发挥。图 2-18 为零部件实体特征造型流程。图 2-19~图 2-26 为 CAD 软件中各种常用的实体特征。

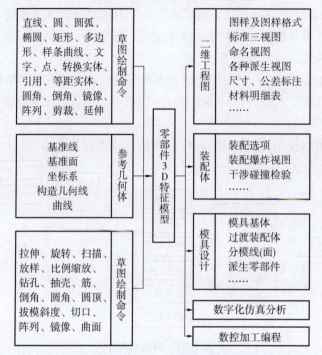

图 2-18　零部件实体特征造型流程

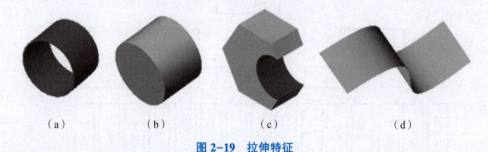

（a）　　　　（b）　　　　（c）　　　　（d）

图 2-19　拉伸特征

（a）实体或薄壁；（b）凸台/基体；（c）切除拉伸；（d）曲面拉伸

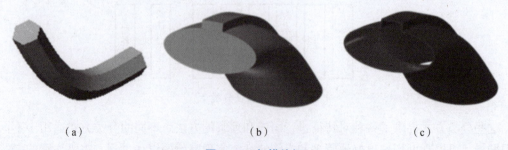

（a）　　　　　（b）　　　　　（c）

图 2-20　扫描特征

（a）截面扫描；（b）使用实体特征的扫描；（c）使用薄壁特征的扫描

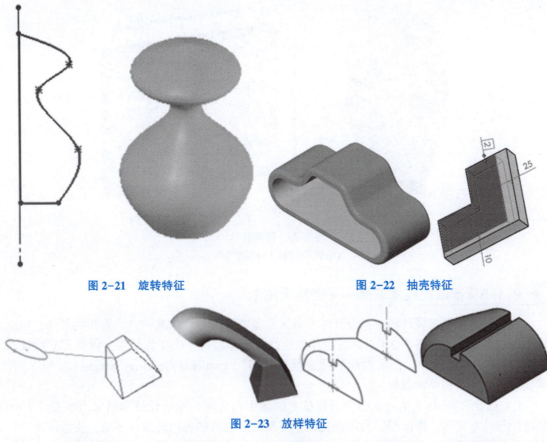

图 2-21　旋转特征　　　　　　　　　　图 2-22　抽壳特征

图 2-23　放样特征

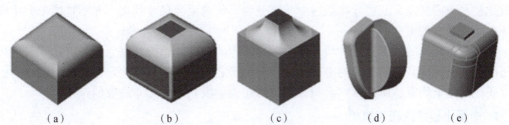

（a）　　　　　　　（b）　　　　　　　（c）　　　　　　　（d）　　　　　　　（e）

图 2-24　圆角特征
（a）等半径圆角；（b）多半径圆角；（c）圆形角圆角；（d）变半径圆角；（e）逆转圆角

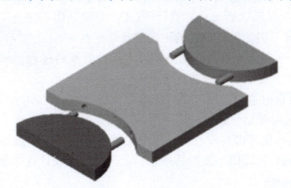

图 2-25　镜像特征

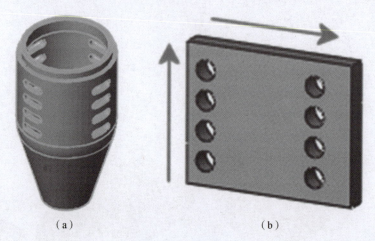

（a） （b）

图 2-26　阵列特征

（a）圆周阵列；（b）线性阵列

2.1.5　第四次技术革命——变量化技术

用户在进行机械设计和工艺设计时，总是希望能够随心所欲地构建、拆卸零部件，可以在平面的显示器上构造出 3D 立体的设计作品，而且保留每一个中间结果，以备反复设计和优化设计时使用。SDRC 公司推出的超变量化几何（Variational Geometry Extended，VGX）技术实现的就是这样一种思想。

CAD 的第四次技术革命是指变量化技术的诞生和应用。变量化技术极大地改变了 CAD 系统的设计方式和工作流程，为用户提供了更高效、灵活和可控的设计环境。变量化技术将参数化技术中需要定义的尺寸参数进一步区分为形状约束和尺寸约束，而不是像参数化技术那样只用尺寸来约束全部几何。

在新产品开发的概念设计阶段，用户首先考虑的是设计思想及概念，并将其体现于某些几何形状之中。这些几何形状的准确尺寸和各形状之间的严格的尺寸定位关系在设计的初始阶段还很难完全确定，所以自然希望在设计的初始阶段允许欠尺寸约束的存在。

1. 变量化技术的指导思想

除考虑几何约束之外，变量化技术还可以将工程关系作为约束条件直接与几何方程联立求解，无须另建模型处理。变量化技术的指导思想如下。

（1）用户可以采用"先形状后尺寸"的设计方式，允许采用不完全尺寸约束，只给出必要的设计条件，这种情况下仍能保证设计的正确性及效率性。

（2）造型过程是一个类似工程师在脑海里思考设计方案的过程，满足设计要求的几何形状是第一位的，尺寸细节可以后续逐步完善。

（3）设计过程相对自由宽松，用户更多地考虑设计方案，无须过多地关心软件的内在机制和设计规则限制，所以变量化技术的应用领域也更广阔一些。

（4）除了一般的系列化零部件设计外，用户在利用变量化技术进行概念设计时特别得心应手。因此，变量化技术较适用于新产品开发、老产品改形设计这类创新式设计领域。

2. 变量化技术的内容

以下是对变量化技术的详细介绍。

（1）基本原理。变量化技术基于参数化建模的概念，通过定义和控制参数来描述和构造几何形状。参数可以用于控制尺寸、位置、角度等几何属性，以及关系和约束。通过调整参数值，系统可以自动更新相关的几何形状，实现快速的设计变更和优化。

（2）特征建模。变量化技术强调将设计对象分解为独立的特征，并通过参数化的方式描述和操作这些特征。每个特征都具有一组参数，通过修改参数值，可以改变特征的形状和属性。特征之间可以相互关联和约束，形成复杂的设计关系。

（3）参数驱动设计。变量化技术使设计过程变得更加灵活和可控。用户可以通过定义参数和关系，在设计时考虑不同的设计变体和条件。通过修改参数值，系统可以自动计算和更新相关的几何形状，快速生成不同版本的设计。

（4）设计自动化和优化。变量化技术为设计自动化和优化提供了平台。通过设置参数的范围和限制条件，可以实现自动化的设计选择和优化流程。系统可以根据预设的目标和约束，自动搜索最优解或满足特定要求的设计方案。

（5）配合其他工具和方法。变量化技术与其他 CAD 工具和方法结合使用，能够发挥更大的作用。例如，使用与参数化建模相结合的有限元分析、运动仿真和优化算法等技术，可以实现更加全面和高级的设计分析和优化。

变量化技术的出现使用户能够更加高效地创建和修改模型，快速响应设计变更和需求调整。它为设计过程带来了革命性的改变，提高了设计效率和质量，减少了错误和重复工作。同时，变量化技术也促进了设计参数化和智能化的发展，为未来的 CAD 创新奠定了基础。

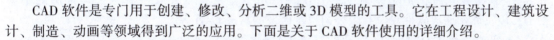

2.2 CAD 软件的使用

CAD 软件是专门用于创建、修改、分析二维或 3D 模型的工具。它在工程设计、建筑设计、制造、动画等领域得到广泛的应用。下面是关于 CAD 软件使用的详细介绍。

（1）创建几何模型。CAD 软件允许用户通过绘图工具创建几何形状，如线段、圆弧、多边形等。用户可以使用基本绘图命令来构建简单的几何对象，并利用编辑命令进行进一步修改和组合。

（2）参数化建模。现代 CAD 软件支持参数化建模功能，可以定义和控制模型的尺寸、位置、角度等属性。通过设置参数和关系，可以实现快速的设计变更和优化。

（3）特征建模。CAD 软件提供特征建模工具，允许用户根据设计需求逐步构建复杂的几何特征，如孔、凸台、倒角等。这些特征可以具有参数和关联，方便后续的编辑和修改。

（4）组装和装配。CAD 软件支持将多个零部件组装为装配体。用户可以通过装配约束和关系来模拟零部件之间的连接和运动关系，并进行碰撞检测和干涉分析。

（5）渲染和动画。CAD 软件提供了渲染和动画功能，可将模型呈现为逼真的图像或动态演示。用户可以设置光源、材质和纹理，创建视觉效果，并在时间轴上调整对象的运动和变化。

（6）分析和优化。一些 CAD 软件提供了分析和优化工具，如有限元分析、流体仿真、结构优化等。这些工具可以帮助用户评估设计的性能和可靠性，并进行改进和优化。

（7）输出和交互。CAD 软件支持多种输出和交互方式，用户可以输出二维绘图、3D 模型文件、技术文档等，以满足制造、展示和交流的需求。此外，与其他工程软件的数据交互也是常见的功能。

要使用 CAD 软件，需要熟悉其界面和工具栏的操作，了解基本的绘图命令和编辑操作。同时，掌握参数化建模、特征建模和装配方法等高级功能可以提高工作效率和设计质量。CAD 软件通常提供用户手册、培训教程和在线学习资源，以帮助用户学习和掌握软件的使用技巧。实践和经验积累是提高 CAD 技能的关键，只有通过不断的练习和应用，才能逐渐掌握并精通 CAD 软件的使用。

2.2.1　CAD 软件介绍

1. CAD 软件分类

CAD 软件分为高端 UNIX 工作站 CAD 软件、中端 Windows 微型计算机（以下简称微机）CAD 软件和低端二维 CAD 软件，这是比较常见和被广泛接受的一种分类方法。

（1）高端 UNIX 工作站 CAD 软件。这类软件以 UNIX 操作系统为支撑平台，从 20 世纪 50 年代发展至今，比较流行的有 PTC 公司的 Creo、SDRC 公司的 I-DEAS 和 Siemens PLM Software 公司的 UG。

（2）中端 Windows 微机 CAD 软件。随着计算机技术的发展，尤其是微机的性能和 Windows 系统的发展，已使微机具备了中低档 UNIX 工作站的竞争的实力，也使基于 Windows 系统的微机 CAD 系统迅速发展。目前，国际上流行的有 SolidWorks 公司的 Solid-Works，Siemens PLM Software 公司的 Solid Edge 软件和 Autodesk 公司的 MDT 软件等。国内也有很多相关的 CAD 软件，如清华大学国家 CAD 支撑软件工程中心在国家"863 计划"支持下推出的 3D 建模系统 GEMS，清研灵智信息咨询（北京）有限公司以此为基础承担国家重点研发计划"网络协同制造和智能工厂"重点项目而开发的"3D CAD 几何引擎与研发平台构建（GEMS plus）"，杭州浙大大天信息有限公司开发的大天二维参数化设计绘图系统 GS-ICAD 和大天 3D 参数化特征造型系统 GS-CAD，广州中望龙腾软件股份有限公司推出的中望 CAD，以及苏州浩辰软件股份有限公司自主研发的浩辰 CAD 等。

（3）低端二维 CAD 软件。普通的二维 CAD 软件在国外已经不多，目前应用较多的是 Autodesk 公司的 AutoCAD。AutoCAD 提供了丰富的设计工具，嵌入了 Internet 技术、具有创新性的 ObjictARX 开发软件包，以及 Lisp、VBA 程序设计语言，能够帮助开发人员和用户按他们的特定需求控制软件，可对多个图形文件同时进行操作，支持多任务设计环境。

2. CAD 软件的层次

不管 CAD 软件名称叫什么，由谁开发，每个软件内部通常都由以下 3 个层次组成，从软件的后端到前端，每个层次都承担着不同的功能和任务。

（1）用户界面层。用户界面层是 CAD 软件与用户交互的接口。它包括菜单、工具栏、绘图区域、命令行等组成部分，用于显示和操作 CAD 软件的功能和工具。用户通过用户界面层来输入指令、执行操作，并获取对模型的视觉反馈和结果输出。

（2）应用逻辑层。应用逻辑层是 CAD 软件的核心，负责实现 CAD 软件的各种功能和算法。它包括几何建模、参数化建模、装配设计、分析计算、可视化渲染等模块。在这一层次上，CAD 软件实现了几何对象的构造和编辑、特征的创建和修改、模型的组装和分析等关键操作。

（3）数据管理层。数据管理层负责存储和管理 CAD 软件中的设计数据。它涉及文件系统、数据库和数据结构等技术，用于存储和组织模型数据、参数设置、历史记录、材料库等信息。CAD 软件需要提供有效的数据管理机制，以保证数据的安全性、可靠性和协作性。

（4）图形处理层。图形处理层负责 CAD 软件中几何数据的处理和图形显示。它涉及图形算法、渲染技术和图形硬件等方面，用于实现几何对象的绘制、变换、裁剪、填充等操作，并将结果以适当的方式显示给用户。图形处理层需要保证高效的图形计算和良好的显示性能。

（5）系统底层。系统底层是 CAD 软件运行所依赖的底层系统环境。它包括操作系统、硬件驱动系统、文件系统、网络通信系统等组成部分，为 CAD 软件提供运行时的支持和资源管理。不同的 CAD 软件可能对系统底层的要求不同，如特定的操作系统版本、显卡驱动等。

这些层次紧密配合，共同构成了一个完整的 CAD 软件，提供设计、展示、分析等功能。不同层次的模块相互协作，通过各自的功能实现 CAD 软件的优良性能，为用户带来良好的体验。同时，不同层次的模块开发也可以由不同的团队或公司负责，以实现更好的专业性。CAD 软件的工作流程如图 2-27 所示。

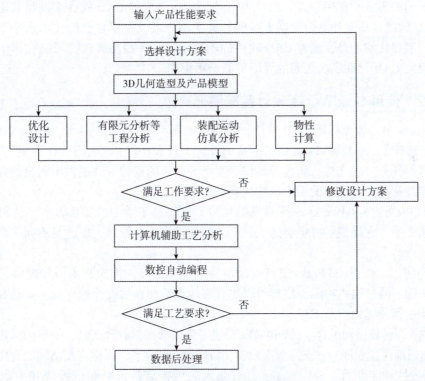

图 2-27　CAD 软件的工作流程

CAD 软件根据其功能和特点，从绘图的整个流程步骤和图形的复杂程度出发，一般可以划分为以下层次。

（1）基础绘图层。这是 CAD 软件的最基本层次，提供基本的绘图功能，如绘制直线、圆、多边形等。通常用于简单的二维绘图和草图创建，适用于一些简单的图纸绘制需求。

（2）二维绘图层。在基础绘图层的基础上，二维绘图层提供更丰富的绘图功能和工具，如图层管理、文字注释、尺寸标注等。用户可以创建和编辑复杂的二维图形，并对其进行详细的注释和标注。

（3）3D 建模层。3D 建模层提供创建和编辑 3D 模型的功能，包括几何建模、参数化建模、曲面建模等技术，允许用户构建具有复杂几何形状和属性的 3D 对象。

（4）装配设计层。装配设计层专注于处理多个零部件之间的组装关系和运动关系，提供装配约束、碰撞检测、配件管理等功能，帮助用户模拟和优化零部件之间的装配关系，并验证装配的可行性。

（5）分析和仿真层。一些高级 CAD 软件提供了分析和仿真功能，如有限元分析、流体仿真、碰撞检测等。使用这些工具可以对设计进行静态或动态的分析，评估其性能、强度、稳定性等方面的特性。

（6）可视化和渲染层。可视化和渲染层提供了将设计结果以逼真的方式呈现给用户的功能，包括光照、材质、纹理、阴影等渲染技术，可以生成高质量的图像、动画和虚拟实境。

（7）数据管理和协作层。数据管理和协作层涉及 CAD 软件中设计数据的存储、共享和协作管理，包括版本控制、协作审查、工程数据管理系统、计算机辅助工程集成等方面的功能。

根据不同的需求和应用场景，用户可以选择相应层次的 CAD 软件来满足其需求。不同层次的 CAD 软件在功能和复杂程度上有所差异，用户可以根据自己的技术水平和项目需求进行选择。需要注意的是，随着 CAD 软件的不断发展，一些高级功能可能在多个层次上都有涉及，因此 CAD 软件层次之间的界限可能会很模糊。

2.2.2　使用 SolidWorks 设计基础图形

SolidWorks 是一款流行的 CAD 软件，其特点如下。

（1）功能丰富。SolidWorks 提供了丰富的设计工具和功能，可用于 3D 建模、装配设计、绘图和注释等任务。它支持从简单零部件到复杂装配体的设计，并提供了大量的几何造型工具、草图和特征操作，以帮助用户创建精确的模型。

（2）用户友好。SolidWorks 采用直观的用户界面和易于学习的操作方式，使得新手用户也能够快速上手。它提供了可定制的工具栏、快捷键和命令管理，以满足不同用户的需求和偏好。

（3）交互性设计。SolidWorks 支持实时渲染、动画和虚拟现实技术，并提供了强大的仿真和分析功能。通过这些功能，用户可以更直观地预览和评估设计的外观、运动和性能，从而加快设计过程并优化产品质量。

（4）数据管理和协同设计。SolidWorks 提供了集成的数据管理工具，使得团队成员能够共享、管理和跟踪设计数据。它支持版本控制、协同设计和注释，以促进团队间的合作和沟通。

（5）扩展性和定制性。SolidWorks 具有强大的可扩展性，可通过插件和应用程序接口（Application Program Interface，API）进行定制和扩展。用户可以根据自己的需求开发特定的功能和工具，或者使用现有的第三方应用程序来增强 SolidWorks 的功能。

（6）应用领域广泛。SolidWorks 广泛应用于各个行业，如机械制造、汽车工程、航空航天、消费品设计等。它在产品设计、工程分析、装配仿真和技术文档等方面提供了全面的解决方案。

需要注意的是，SolidWorks 作为一款商业软件，其功能和版本可能因时间推移而有所改变。因此，在选择和使用 SolidWorks 时，建议参考最新的官方文档和说明，以确保获取最新的信息。

下面以 SolidWorks 2021 为例，简单介绍该软件的使用。

双击软件图标，打开如图 2-28 所示的启动界面，之后会快速进入如图 2-29 所示的欢迎界面，在该界面打开"最近文档"中的文件或单击左上角"新建"中的"零件"按钮后，进入如图 2-30 所示的用户界面。

图 2-28　启动界面

图 2-29　欢迎界面

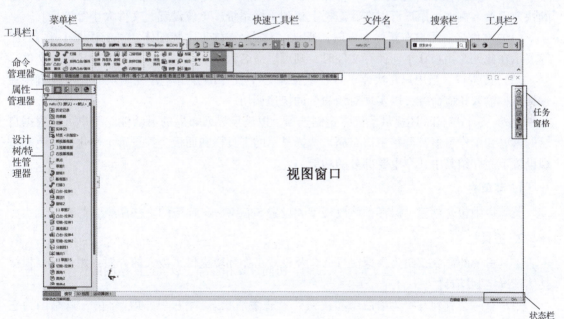

图 2-30　用户界面

以 SolidWorks 2021 为例，其用户界面包括以下部分。

（1）菜单栏。位于顶部的菜单栏包含了各种命令，如文件操作、编辑、视图、工具箱等。通过选择菜单栏中的命令，可以访问 SolidWorks 的各个功能模块。

（2）工具栏 1、2。工具栏 1 位于菜单栏下方，包含了常用的绘图、编辑、装配、分析等工具按钮。用户可以根据自己的需求选择显示或隐藏特定的工具栏 1，并进行拖放来调整工具栏 1 的位置和组合。工具栏 2 需要通过命令调出，其上的工具按钮与工具栏 1 相同。

（3）命令管理器。通过调用命令管理器，将软件的工具栏 1 中的常用指令分配到"特征""草图""钣金""曲面"等不同集合中，以快速工具栏的方式展示在视图窗口的顶端，方便用户在操作时快速选取命令。

（4）设计树/特性管理器。特性管理器位于左侧，是 SolidWorks 设计树的核心部分。它显示了构成模型的特征列表，如草图、实体、装配等，并按照层级结构排列。通过特性管理器，用户可以轻松地查看、编辑和重新排序各个特征。

（5）视图窗口。视图窗口占据了 SolidWorks 用户界面的主要部分，用于显示 3D 模型和二维绘图。用户可以在视图窗口中旋转、缩放和平移模型，同时可以应用不同的视图样式和显示选项。

（6）快速工具栏。菜单栏中"插入"菜单内部分常用的命令以快速工具栏的形式展示在菜单栏右侧，以便用户可以在绘制中直接根据需求使用某个命令，使操作更为便捷。

（7）任务窗格。任务窗格位于视图窗口的右侧，包含了常用的命令按钮，如保存、撤销、重做等。用户可以自定义任务窗格，添加或删除特定的命令按钮。

（8）属性管理器。属性管理器位于特性管理器的右侧，用于显示和编辑所选特征或实体的属性和参数。通过属性管理器，用户可以调整尺寸、设置材料、更改外观等。

（9）状态栏。状态栏位于 SolidWorks 界面的底部，提供了有关当前操作状态和文档信息的快速反馈。例如，用户可以在状态栏上找到坐标系统、单位设置、文件大小等信息。

（10）文件名。用户在新建文件时，默认名称为"零件 1""装配体 2""工程图 1-图纸 1"等展示在此处。用户在主动保存文件时，则可以命名为非默认名称，以帮助用户区分文件。

（11）搜索栏。当用户在快速工具栏或菜单栏中找寻部分指令存在困难时，可以直接通过搜索栏输入相应命令，以实现对该命令的快速调用。

此外，SolidWorks 还提供了许多定制选项，以满足界面布局的灵活性。用户可以根据自己的喜好和工作习惯，调整窗口布局、选择显示的工具栏和面板，并进行个性化的颜色和外观设置下面介绍其中几个重要部分的功能。

1. 菜单栏

菜单栏中包含创建、保存、修改模型和设置 SolidWorks 环境的一些命令。

2. 工具栏

工具栏中的命令按钮为快速执行命令及设置工作环境提供了极大的方便，用户可以根据具体情况定制工具栏。

用户有时会看到有些菜单命令和按钮处于非激活状态（呈灰色，即暗色），这是因为它们目前还没有处在可发挥功能的环境中，一旦它们进入有关的环境，便会自动激活。

下面介绍"常用"工具栏（见图 2-31）和"视图（V）"工具栏（见图 2-32）中各按钮的作用。

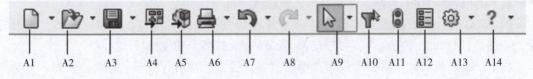

图 2-31 "常用"工具栏

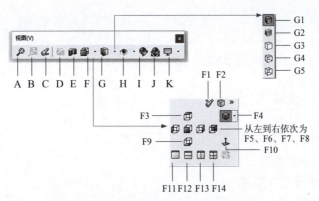

从左到右依次为
F5、F6、F7、F8

图 2-32 "视图(V)"工具栏

"常用"工具栏中各按钮的作用如下。

A1：创建新的文件。

A2：打开已经存在的文件。

A3：保存激活的文件。

A4：生成当前零部件或装配体的新工程图。

A5：生成当前零部件或装配体的新装配体。

A6：打印激活的文件。

A7：撤销上一次操作。

A8：重复上一次撤销的操作。

A9：选择草图实体、边线、顶点和零部件等。

A10：切换选择过滤器工具栏的显示。

A11：重建零部件、装配体或工程图。

A12：显示激活文档的摘要信息。

A13：更改 SolidWorks 选项设置。

A14：显示 SolidWorks 帮助主题。

"视图(V)"工具栏中各按钮的作用如下。

A：全屏显示视图。

B：缩放图纸以适合窗口。

C：显示上一个视图。

D：用 3D 动态操纵模型视图以进行选择。

E：使用一个或多个横断面、基准面来显示零部件或装配体的剖视图。

F：更改当前视图定向或视口数。

F1：添加新的视图。

F2：视图选择器。

F3：上视工具。

F4：以等轴测视图显示模型，单击下拉箭头后，可选择"左右二等角轴测视图显示模型"或"上下二等角轴测视图显示模型"。

F5：左视工具。

F6：前视工具。

F7：右视工具。

F8：后视工具。

F9：下视工具。

F10：将模型正交于所选基准面或面显示。

F11：显示单一视图。

F12：显示水平二视图。

F13：显示竖直二视图。

F14：显示四视图。

G：选择模型的显示类型。

G1：带边线上色显示方式。

G2：上色显示方式。

G3：消除隐藏线显示方式。

G4：隐藏线显示方式。

G5：线架图显示方式。

H：控制所有类型的可见性。

I：在模型中编辑实体的外观。

J：给模型应用特定的布景。

K：切换各种视图设定，如 RealView、阴影、环境封闭及透视图。

3. 设计树/特性管理器

设计树中列出了活动文件中的所有零部件、特征、基准和坐标系等，并以树的形式显示模型结构。通过设计树，可以很方便地查看及修改模型。

(1)双击特征的名称，可以显示特征的尺寸。

(2)右击某特征，然后选择"特征属性"命令，可以更改特征的名称。

(3)右击某特征，然后选择"父子关系"命令，可以查看特征的父子关系。

(4)右击某特征，然后选择"编辑特征"命令，可以修改特征参数。

(5)在设计树中，通过拖动及放置，可以重新调整特征的创建顺序。

4. 任务窗格

SolidWorks 的任务窗格默认包括以下内容。

：SolidWorks 资源，包括"开始""工具""社区""在线资源"等区域。

：设计库，用于保存可重复使用的零部件、装配体和其他实体，包括库特征。

：文件探索器，相当于 Windows 的资源管理器，可以方便地查看和打开模型。

：视图调色板，用于插入工程视图，包括要拖动到工程图图样上的标准视图、注解视图和剖面视图等。

：外观、布景和贴图，包括外观、布景和贴图等。

：自定义属性，用于自定义属性标签编制程序。

：SolidWorks PDM，用于生成一个集中式管理库，其中维持有文件的历史记载，包

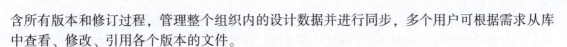

含所有版本和修订过程，管理整个组织内的设计数据并进行同步，多个用户可根据需求从库中查看、修改、引用各个版本的文件。

5. 状态栏

在用户操作软件的过程中，状态栏会实时地显示当前操作、当前状态以及与当前操作相关的提示信息等，以引导用户操作。

SolidWorks 的使用以鼠标操作为主，用键盘输入数值。执行命令时，主要是用鼠标单击工具图标，也可以通过选择下拉菜单或用键盘输入来执行命令。

与其他 CAD 软件类似，SolidWorks 提供各种鼠标按钮的组合功能，包括执行命令、选择对象、编辑对象，以及对视图、树的平移、旋转和缩放等。

在 SolidWorks 的用户界面中，被选中的对象高亮显示。选择对象时，在视图窗口与在设计树上选择是相同的，并且是相互关联的。

移动视图是最常用的操作，每次都单击工具栏中的按钮将会浪费很多时间，在 SolidWorks 中，用户可以通过鼠标快速地完成视图的移动。

SolidWorks 中鼠标操作的说明如下。

(1)缩放图形：滚动鼠标中键，向前滚动缩小图形，向后滚动放大图形。

(2)平移图形：先按住〈Ctrl〉键，然后按住鼠标中键，移动鼠标即可移动图形。

(3)旋转图形：按住鼠标中键，移动鼠标即可旋转图形。

下面介绍在 SolidWorks 中选择对象常用的方法。

(1)选取单个对象。

①在视图窗口中直接单击需要选取的对象。

②在设计树中单击对象的名称即可选择对应的对象，被选取的对象会高亮显示。

(2)选取多个对象：按住〈Ctrl〉键依次单击多个对象，可选择多个对象。

了解了以上内容后，接下来就可以开展后续的设计工作了。

2.2.3 草图与命令

任何一个基本的 3D 几何体都是通过将一定形状的二维剖面图形(即草图)拉伸、旋转或扫描生成的。在 3D 设计软件中，特征的创建、工程图的建立、3D 装配图的建立都需要进行平面草图绘制。熟练掌握草图的绘制，就掌握了 3D 设计软件的基础绘图核心。

1. 草图

3D 实体模型在某个截面上的二维轮廓被称为草图。每个草图都有形状、大小或者方向的特征。创建草图的过程是：选平面、绘形状、定位置、设大小。

在创建草图前，用户必须选择一个草图平面(也叫基准面)。单击"草图"→"草图绘制"命令，进入选择基准面的界面。基准是指确定点、线、面所依据的那些点、线、面。因此，基准实际上还是一些点、线、面，它们在建模过程中是确定其他点、线、面的依据。在 SolidWorks 中，要设计出尺寸、位置都符合设计要求的模型，就必须在操作过程中确定一些点、线、面，这些点、线、面就是基准。在 3D 建模的过程中，基准的正确建立是必要的，也是必须的。在 3D 建模的过程中，由于空间概念的引入，需要合理有效地确定大量的基准，所以基准是 3D 建模过程中不可或缺的、必须的特征。可以说，基准的正确、合理地建立是快速、准确建模的关键，每一位用户都必须熟练掌握各种基准的建立方法。

SolidWorks 默认提供 3 个基准面，分别是上视基准面、前视基准面和右视基准面，如图

2-33 所示。基准面也可以是前一个特征上的某一个面，还可以是用户使用菜单命令"工具"→"草图绘制实体"→"基准面"创建的基准面，如图 2-34 所示。需要注意的是，使用后者来自行定义基准面时，通常会激活"3D 草图"选项，3D 草图在生成实体时需要指定生成的法线，而选择默认的 3 个基准面时则会产生默认的法线，不需要额外指定。一些情况下，出现基准面选择错误，或者想要终止该草图时，可以在该界面再次单击相同位置的"退出草图"按钮，以退出绘制。

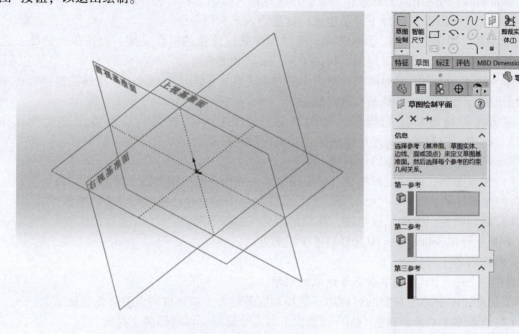

图 2-33　默认基准面　　　　　　　图 2-34　"基准面"对话框

选择好基准面之后，就可以开始绘制草图图像了。进入草图设计环境后，视图窗口会出现草图设计中所需要的各种工具栏，如图 2-35、图 2-36 所示。

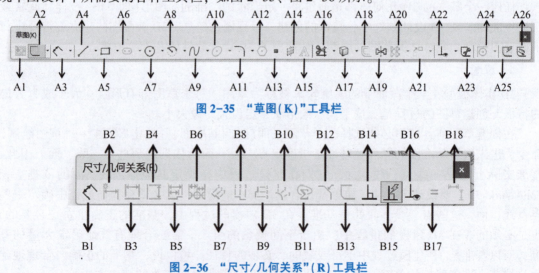

图 2-35　"草图(K)"工具栏

图 2-36　"尺寸/几何关系"(R)工具栏

"草图(K)"工具栏中各按钮的作用如下。

A1：还原工程图。将轻化工程图转换为已解析模式。

A2：草图绘制。绘制新草图或编辑选中的草图。单击下拉箭头，可以选择"3D 草图"选项，在视图窗口中添加新的 3D 草图或编辑选中的 3D 草图。

A3：智能尺寸。为一个或多个所选实体生成尺寸。

A4：直线。通过两个端点绘制直线。

A5：矩形。通过两点或三点绘制矩形。

A6：槽口。通过两点或三点绘制槽口。

A7：圆。通过两点或三点绘制圆。

A8：圆弧。通过两点或三点绘制圆弧。

A9：样条曲线。通过多个点绘制样条曲线。

A10：椭圆。定义椭圆的圆心，拖动椭圆的两个轴，定义椭圆的大小。

A11：圆角。通过两条直线绘制圆角。

A12：多边形。通过与圆相切的方式绘制多边形。

A13：点。

A14：基准面。插入基准面到 3D 草图。

A15：文本。在面、边线及草图实体上添加文字。

A16：剪裁实体。用于修剪或延伸一个草图实体，以便与另一个实体重合或删除一个草图实体。

A17：转换实体引用。参考所选的模型边线或草图实体以生成新的草图实体。

A18：等距实体。通过指定距离的等距面、边线、曲线或草图实体，生成新的草图实体。

A19：镜像实体。相对于中心线来镜像复制所选草图实体。

A20：线性草图阵列。使用基准面、零部件或装配体上的草图实体生成线性草图阵列。

A21：移动实体。移动草图实体和(或)注解。

A22：显示/删除几何约束。

A23：修复草图。查找失败的草图。

A24：快速捕捉。通过此命令可捕捉点、圆心、中点或象限点等。

A25：快速草图。允许二维草图基准面动态更改。

A26：Instant2D。通过拖动尺寸手柄，启用对草图的动态修改。

"尺寸/几何关系(R)"工具栏中各按钮的作用如下。

B1：智能尺寸。为一个或多个所选的实体标注尺寸。

B2：自动插入尺寸。根据选择的实体应用正确的尺寸。

B3：水平尺寸。在所选的实体间生成一个水平的尺寸。

B4：竖直尺寸。在所选的实体间生成一个垂直的尺寸。

B5：基准尺寸。在所选的实体间生成参考尺寸。

B6：关联尺寸链。创建关联尺寸链，与创建基准尺寸的方式类似。

B7：尺寸链。在工程图或草图中生成从零坐标开始测量的一组尺寸。

B8：水平尺寸链。在工程图或草图中生成坐标尺寸，从第一个所选实体开始水平测量。

B9：竖直尺寸链。在工程图或草图中生成坐标尺寸，从第一个所选实体开始垂直测量。

B10：角度运行尺寸。创建从零度基准测量的尺寸集。

B11：路径长度尺寸。创建路径长度的尺寸。

B12：倒角尺寸。在工程图中生成倒角尺寸。

B13：完全定义草图。计算在已定义草图或选定草图实体下完全定义时所需的尺寸和几何关系。

B14：添加几何关系。控制草图实体和平面、轴、边线或顶点之间的几何关系。用户可以通过关系控制尺寸或定位实体。

B15：自动几何关系。开启或关闭自动给定几何关系的功能。

B16：显示/删除实体的几何关系。

B17：搜索相等关系。搜索草图中有相同长度或半径的元素，在相同长度或半径的草图元素间设定等长的几何关系。

B18：隔离更改的尺寸。隔离自从上次工程图保存后已更改的尺寸。

绘制草图的注意事项如下。

(1)每个草图尽可能简单，可以将一个复杂草图分解为若干简单草图，目的是便于约束，便于修改。

(2)可以给每一个草图赋予合适的名称，目的是便于管理。

(3)对于比较复杂的草图，最好避免构造完所有的曲线后再加约束，这会增加全约束的难度。一般的构造过程如下。

①创建第一条主要曲线，然后施加约束，同时修改尺寸至设计值。

②按设计意图创建其他曲线，但每创建一条或几条曲线，应随之施加约束，同时修改尺寸至设计值。这种先构建几条曲线然后施加约束的过程，可减少过约束、约束矛盾等错误。

(4)施加约束的一般次序是：定位主要曲线至外部几何体，按设计意图、施加大量几何约束；施加少量尺寸约束(表达设计关键尺寸)。

(5)一般情况下，圆角和斜角不在草图里生成，而用特征来生成。

2. 约束

每个草图都必须有一定的约束，没有约束，则用户的意图也无从体现。约束有两种：一种是对尺寸进行约束，一种是对位置进行约束。绘制草图前，应仔细分析草图图形结构，明确草图中的几何元素之间的约束关系。常用的几何约束关系如表 2-1 所示。

表 2-1　常用的几何约束关系

特征	点	直线	圆弧	平面或基准面	圆柱与圆锥
点	重合、距离	重合、距离	—	重合、距离	重合、同轴心、距离
直线	重合、距离	重合、平行、垂直距离、角度	同轴心	重合、平行、垂直、距离	重合、平行、垂直、相切、同轴心、距离、角度
圆弧	—	同轴心	同轴心	重合	同轴心
平面或基准面	重合、距离	重合、平行、垂直、距离	重合	重合、平行、垂直、距离、角度	相切、距离

特征	点	直线	圆弧	平面或基准面	圆柱与圆锥
圆柱与圆锥	重合、同轴心、距离	重合、平行、垂直、相切、同轴心、距离、角度	同轴心	相切、距离	平行、垂直、相切、同轴心、距离、角度

注：1.—表示两种几何实体之间无法建立配合。

2. 角度指在装配体前视面中的投影角度。

3. 草图状态

任何时候，草图都处于欠定义、完全定义或过定义这3种状态之一。草图状态由草图中几何体与定义尺寸之间的几何关系来决定。欠定义是指草图的不充分定义状态，但这个草图仍可以用来创建特征。欠定义是很有用的，因为在零部件早期设计阶段的大部分时间里，并没有足够的信息来对草图进行完全的定义。随着设计的深入，会逐步得到更多有用信息，可以随时为草图添加其他定义。欠定义的几何体是蓝色的(默认设置)。完全定义是指草图具有完整的信息。完全定义的几何体是黑色的(默认设置)。一般来说，当零部件最终完成设计，要进行下一步的加工时，零部件的每一个草图都应该是完全定义的。过定义是指草图中有重复的尺寸或互相冲突的约束关系，直到删除多余的尺寸和约束后才能使用。过定义的几何体是红色的(默认设置)。

4. 命令

"工具"下拉菜单是草图设计环境中的主要菜单，它的功能主要包括约束、轮廓和操作等。

要绘制草图，应先从草图设计环境中的工具栏或下拉菜单中选择一个绘图命令，然后可通过在视图窗口选取点来绘制草图。在绘制草图的过程中，当移动时，SolidWorks会自动确定可添加的约束并将其显示。绘制草图后，用户还可通过"约束定义"对话框继续添加约束。

SolidWorks提供了丰富的绘图命令和修改命令，用于创建和编辑3D模型。下面详细介绍一些常用的SolidWorks绘图命令和修改命令。

1)绘图命令

(1)线条：用于绘制直线段。

(2)圆弧：用于绘制圆弧。

(3)矩形：用于绘制矩形或正方形。

(4)椭圆：用于绘制椭圆或圆。

(5)多边形：用于绘制多边形。

(6)点：在指定位置绘制一个点。

(7)文字：用于在图纸上添加文字注释。

2)修改命令

(1)移动：将选定的实体移动到新位置。

(2)旋转：围绕指定轴线旋转选定的实体。

(3)缩放：按比例调整选定的实体的尺寸。

（4）镜像：通过指定的平面对选定的实体进行镜像操作。

（5）切割：用于删除或切割实体中的一部分。

（6）扩展：延长实体的边界线或表面。

（7）圆角：在实体的边界线或交点处创建圆角。

（8）倒圆角：在实体的边界线或交点处创建斜角。

SolidWorks 常用绘图命令和编辑命令的使用方法分别如表 2－2 和表 2－3 所示。SolidWorks 常用尺寸类型的标注示例如表 2－4 所示。应注意的是，以上只是 SolidWorks 绘图命令和修改命令的一小部分，该软件还提供了众多其他命令（见图 2－37～图 2－39），用于创建复杂的 3D 模型、装配和制图。熟练掌握这些命令，可以帮助用户更高效地进行机械设计工作，并生成精确而具有几何关系的模型。

表 2－2　SolidWorks 常用绘图命令的使用方法

绘制命令	使用方法
直线	单击直线的起点、中间点和终点生成直线，或单击起点、终点生成直线，双击或者按〈Esc〉键结束直线绘制
矩形	选择确定矩形的两个对角，如左上角和右下角生成矩形
多边形	选择多边形的中心点和一个角点，决定一个等边多边形，多边形的边数、角度、内接圆的直径都可以进行修改
圆	选择确定圆的中心和圆周上的一点生成圆
圆弧（三点画弧）	首先通过两点定义圆弧的端点，然后选择圆弧上的第三点
椭圆	首先确定椭圆圆心，然后确定椭圆的长半轴和短半轴
中心线	绘制方法同直线，而中心线作为构造几何线使用，相当于几何绘图中的辅助线，不参与其后特征的生成
点	选择点的位置以生成点

表 2－3　SolidWorks 常用编辑命令的使用方法

编辑命令	使用方法
剪裁	剪裁草图实体
等距	生成封闭边界或者单元线条的偏距线
镜像	生成相对中心线对称的草图实体
移动或复制	生成新的草图
线性阵列	按照 x 轴或 y 轴方向阵列生成新的草图
圆周阵列	围绕某中心点，生成圆周方向的新的草图
转换实体引用	在某一基准面上生成与该边界一致的草图
构造几何线	将草图转化为辅助线，不参与特征的生成

表 2-4 SolidWorks 常用尺寸类型的标注示例

类型	尺寸类型	标注示例
直线	直线长度	160.00
	直线高度	88.00
	直线宽度	135.00
	平行线距离	130.00
	点到直线距离	140.00
直线夹角	角度	55°
圆	圆直径	Ø300.00
圆弧	圆弧半径	R145.00
	圆弧长度	330.00

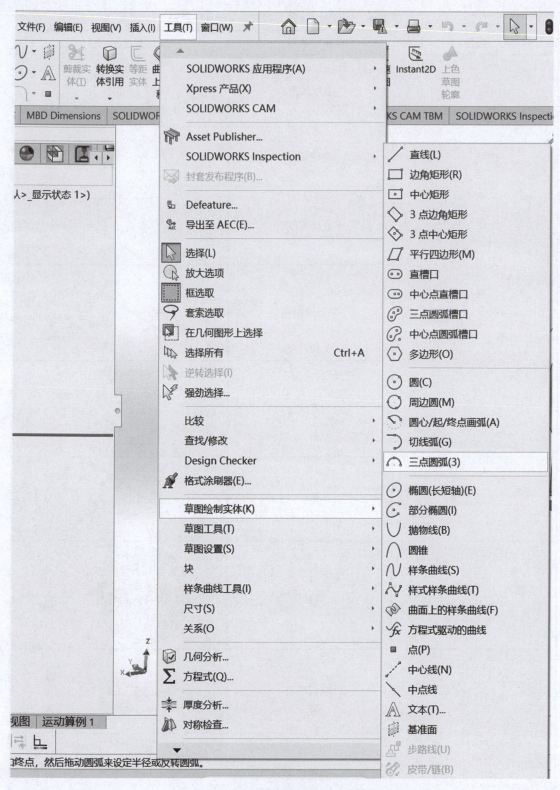

图 2-37 "草图绘制实体"子菜单中的命令

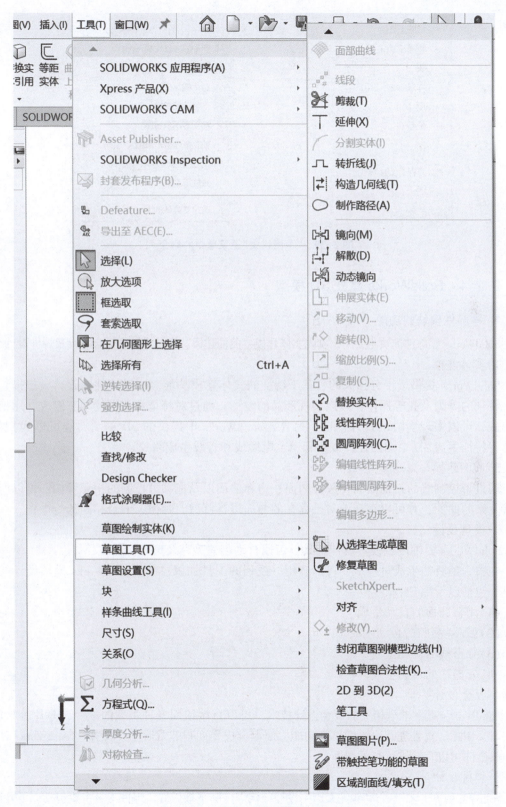

图 2-38　"草图工具"子菜单中的命令

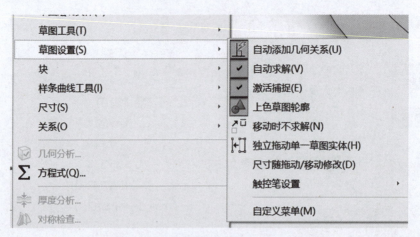

图 2-39 "草图设置"子菜单中的命令

 2.2.4 SolidWorks 建立 3D 模型

1. 零部件模块的功能

SolidWorks 零部件模块主要用于实现实体建模、曲面建模、模具设计、钣金设计及焊件设计等。

1）实体建模

SolidWorks 提供了十分强大的、基于特征的实体建模功能。通过拉伸、旋转、扫描、放样、特征的阵列及孔等操作，可以实现产品的设计；通过对特征和草图的动态修改，用拖动的方式，可以实现实时的设计修改；另外，SolidWorks 中提供的 3D 草图功能可以为扫描、放样等特征生成 3D 草图路径，或为管道、电缆线和管线生成路径。

2）曲面建模

通过带控制线的扫描曲面、放样曲面、边界曲面以及拖动可控制的相切操作，可以产生非常复杂的曲面，并可以直观地对已存在的曲面进行修剪、延伸、缝合和圆角等操作。

3）模具设计

SolidWorks 提供内置模具设计工具，可以自动创建型芯及型腔。

在整个模具的生成过程中，可以使用一系列的工具加以控制。SolidWorks 模具设计的主要过程包括以下部分。

（1）闭合曲面的自动生成。

（2）型芯-型腔的自动生成。

（3）分型线的自动生成。

（4）分型面的自动生成。

4）钣金设计

SolidWorks 提供了全相关的钣金设计技术，可以直接使用各种类型的法兰、薄片等特征，应用正交切除、角处理及边线切口等功能，使钣金操作变得非常容易。例如，SolidWorks 2021 中的钣金件可以直接进行交叉折断。

5）焊件设计

SolidWorks 可以在单个零部件文档中设计结构焊件和平板焊件。焊件工具主要包括以下几项。

（1）结构构件库。

（2）焊件切割。

（3）剪裁和延伸结构构件。

（4）圆角焊缝。

（5）角撑板。

（6）顶端盖。

2. 使用 SolidWorks 建立 3D 模型的一般流程

（1）打开 SolidWorks，在欢迎界面直接单击"零件"按钮，或者在用户界面单击"文件（F）"→"新建（N）"命令，以创建一个新的文件。

（2）在文件中创建草图。选择适当的平面，如前视图、顶视图或自定义平面，在上面创建草图。用户可以使用直线、圆弧、矩形等绘图命令来绘制几何形状。

（3）通过特征命令将草图转换为实体。根据设计需求，使用拉伸、旋转、扫掠等特征命令将草图转换为 3D 实体。这些命令允许用户根据草图的几何形状和尺寸创建实体。

（4）添加其他特征。根据需要，用户可以添加其他特征来修改和增强模型。常用的特征包括倒角、镜像、阵列等。

（5）添加材质和外观。根据需要，用户可以为模型添加材质和外观效果。SolidWorks 提供了丰富的渲染、纹理和颜色选项，可以使模型更加逼真。

（6）完成并保存。完成模型设计后，保存文件，并按需求导出或打印输出。

在进行 3D 建模时，用户需要熟悉 SolidWorks 的界面和基本操作，如选择工具、编辑工具、约束工具等。此外，掌握 SolidWorks 2021 版本中的新增和改进的功能也是很有帮助的。

3. 从草图生成实体的特征

1）拉伸特征

基础特征是一个零件的主要结构特征，创建什么样的特征作为零件的基础特征比较重要，一般由用户根据产品的设计意图和零件的特点灵活确定。拉伸特征是最基本且经常使用的基础零件造型特征，它是通过将草图横断面沿着垂直方向拉伸而形成的，适用于在拉伸方向上比较规则的实体造型。

拉伸特征包括拉伸凸台/基体和拉伸切除。拉伸凸台/基体是拉伸增材成型，而拉伸切除是在现有模型的基础上拉伸除料成型，两者成型方式相反。

（1）拉伸凸台/基体：以一个或两个方向拉伸草图，来生成一实体，如图 2-40 所示。

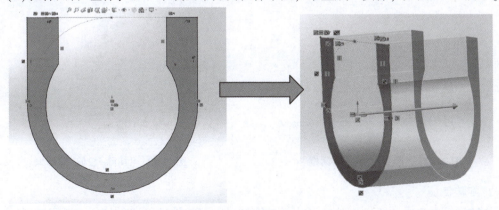

图 2-40　拉伸凸台/基体

（2）拉伸切除：以一个或两个方向拉伸所绘制的草图，来切除实体模型，如图 2-41 所示。

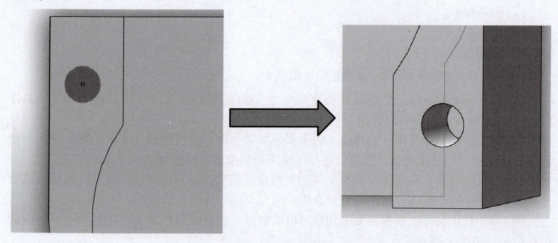

图 2-41　拉伸切除

拉伸特征的基本要素是指在零部件造型的一个拉伸步骤里起构建或支撑作用，以及能完成拉伸的所有元素，包括平面草图要素、拉伸方向、开始条件和终止条件。图 2-42 和图 2-43 分别为"凸台-拉伸"与"切除-拉伸"对话框。

①平面草图要素：正确绘制平面草图是拉伸特征的基础。

②拉伸方向：与基准面有一定夹角的方向。拉伸一般在一个或两个相反的方向同时进行，默认拉伸方向垂直于基准面。

③开始条件和终止条件：开始条件限制拉伸的开始位置，终止条件限制拉伸结束类型及距离。

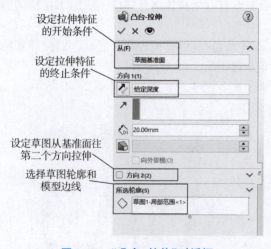

图 2-42　"凸台-拉伸"对话框

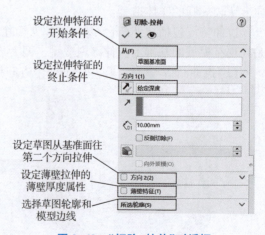

图 2-43　"切除-拉伸"对话框

2）旋转特征

旋转特征是指由平面草图绕一条中心轴线转动扫过的轨迹形成的特征，适用于回转体造型。旋转特征主要有旋转凸台/基体、旋转切除两大类。

(1)旋转凸台/基体：由草图轮廓绕旋转轴线旋转而形成的实体，如图 2-44 所示。草图轮廓可封闭，也可不封闭。封闭的草图轮廓绕旋转轴线旋转，轮廓所扫过的空间，均成为实体。不封闭的草图轮廓绕旋转轴线旋转，可设置薄壁特征。

(2)旋转切除：由草图轮廓绕旋转轴线旋转，草图轮廓扫过的空间均被切除，如图 2-45 所示。

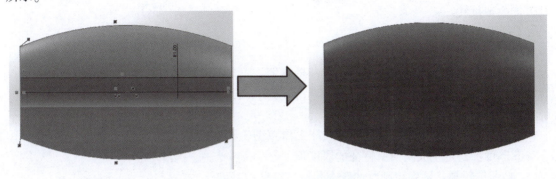

图 2-44　旋转凸台/基体

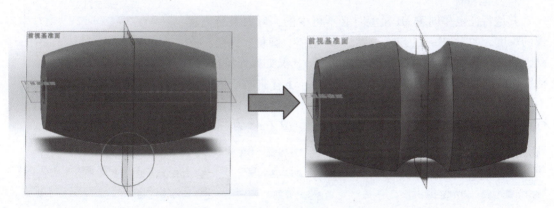

图 2-45　旋转切除

对于部分钣金构件，其实体造型既可以采用拉伸特征，也可以采用旋转特征。在这种情况下，哪一种方法更为简单、快捷，就采用哪一种方法。

旋转特征的基本要素如下，图 2-46 所示为"切除-旋转"对话框。

(1)旋转轴。

①草图轮廓边线：平面草图轮廓边线可以作为旋转轴。

②中心线：中心线可以作为旋转轴。

③圆柱/圆锥面中心线：已有实体的圆柱面、圆锥面的中心线可以作为旋轴。

④两平面交线：任意两平面的交线可以作为旋转轴。

(2)方向。

①反向：切换旋转的方向。

②给定深度：二维草图轮廓绕旋转轴线单一方向旋转。

③角度：二维草图轮廓绕旋转轴线旋转的角度。

④成型到顶点：从草图基准面生成旋转到指定顶点。

⑤成型到面：从二维草图轮廓所在的基准面生成旋转到指定面。

⑥到离指定面指定的距离：从二维草图轮廓基准面生成旋转到指定面的指定距离。

⑦两侧对称：从二维草图轮廓的基准面以顺时针和逆时针方向生成旋转。

（3）薄壁特征。

①反向：切换薄壁生成方向。

②单向：朝所指定的单一方向生成薄壁特征。

③两侧对称：生成的薄壁特征的厚度平分于二维草图轮廓两侧。

④双向：生成的薄壁特征的厚度关于二维草图轮廓对称。

⑤厚度：指定生成的薄壁特征的厚度值。

（4）所选轮廓：正确绘制所选轮廓是旋转特征的基础。

3）其他特征

其他特征也是创建 3D 模型时必不可少的，可大大简化建模的难度，如附加特征（包括边界凸台/基体、圆角、倒角、拔模、抽壳、圆顶、异型孔、弯曲、包覆等），又如操作特征（包括线性阵列、圆周阵列、镜像等）。此外，还有曲面造型中必不可少的扫描、放样等，篇幅所限，此处不再赘述，读者可自行查阅相关的指导书或专业教材。图 2-47、图 2-48 为"特征"和"曲面"工具栏。

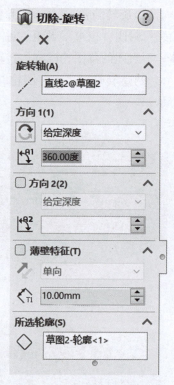

图 2-46 "切除-旋转"对话框

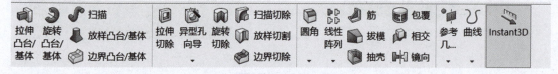

图 2-47 "特征"工具栏

图 2-48 "曲面"工具栏

2.2.5 SolidWorks 建立装配体

一个产品通常由多个零件组成，各个零件之间需要正确装配在一起才能正常使用。在传统的设计过程中，无法通过计算机来完成虚拟装配（在计算机环境中将各个零件装配起来），从而增大了设计出错的可能性。在 3D 设计系统中，可以通过将各个零件按照用户的需要装配起来，这样将非常直观地观察到整个产品的全貌，更能直观地发现设计中存在的问题，如是否发生装配干涉、各个零件的外观是否协调等，从而增加设计工作的可靠性和正确性。

装配方式一般有两种：自底向上装配和自顶向下装配。如果首先设计好全部零件，然后将零件作为部件添加到装配体中，则称为自底向上装配；如果首先设计好装配体模型，然后在装配体中组建模型，最后生成零件模型，则称为自顶向下装配。

SolidWorks 提供了自底向上和自顶向下两种装配方式，并且这两种方式可以混合使用。自底向上装配是一种更常用的装配方式，本节主要介绍自底向上装配。

SolidWorks 提供了非常强大的装配功能，其优点如下。

（1）在装配环境中，可以方便地设计及修改零部件。

（2）可以动态地观察整个装配体中的所有运动，并且可以对运动的零部件进行动态的干涉检查及间隙检测。

（3）对于由上千个零部件组成的大型装配体，也可以充分发挥软件功能。

（4）通过镜像零部件，用户可以用现有的对称设计创建出新的零部件及装配体。

（5）可以用捕捉配合的智能化装配技术进行快速总体装配。智能化装配技术可以自动地捕捉并定义装配关系。

（6）使用智能零件技术可以自动完成重复的装配设计。

SolidWorks 装配中的一些关键术语和概念如下。

（1）零件：组成部件与产品最基本的单位。

（2）部件：可以是一个零件，也可以是多个零件的装配结果，它是组成产品的主要单位。

（3）装配体：也称产品，是装配设计的最终结果。它是由部件之间的配合关系及部件组成的。

（4）配合：在装配过程中，配合是指部件之间的相对限制条件，可用于确定部件的位置。

虚拟装配一般包括图 2-49 所示的 4 个步骤。

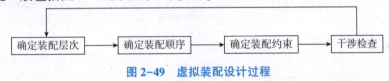

图 2-49　虚拟装配设计过程

（1）确定装配层次：指确定装配体的子装配体组成，即确定组成零部件。将产品划分为套件、组件、部件等能进行独立装配的装配单元，是设计装配工艺规程中最重要的一项工作，这对于大批量生产且结构较为复杂的产品尤为重要。

（2）确定装配顺序：在划分装配单元确定装配基准件之后，即可根据装配体的结构形式和各零部件的相互约束关系，确定各个组成零部件的装配顺序，并以装配工艺系统图的形式表示出来。一般首先要确定基准件作为其他零部件的约束基准，然后将其他组件按配合约束关系，依次装配成一个装配体。确定装配顺序的原则是：先下后上，先内后外，先难后易，先精密后一般。

（3）确定装配约束：确定基准件和其他组成件的定位及相互约束关系，主要由装配特征、约束关系和装配设计管理树组成。

（4）干涉检查：分为静态干涉检查和动态干涉检查。静态干涉检查是指在特定装配结构形式下，检查装配体的各个零部件之间的相对位置关系是否存在干涉；动态干涉检查是检查在运动过程中是否存在零部件之间的运动干涉。通过干涉检查，可以发现所设计的零件在装配体中不正确的结构部分，然后根据装配体的结构和零部件的干涉情况修改零件的原设计模型。

1. 装配体环境介绍

"插入"菜单（见图 2-50）中包含了大量进行装配操作的命令，而"装配体（A）"工具栏（图 2-51）中则包含了装配操作的常用按钮，这些按钮是进行装配的主要工具，有些按钮没有出现在下拉菜单中。

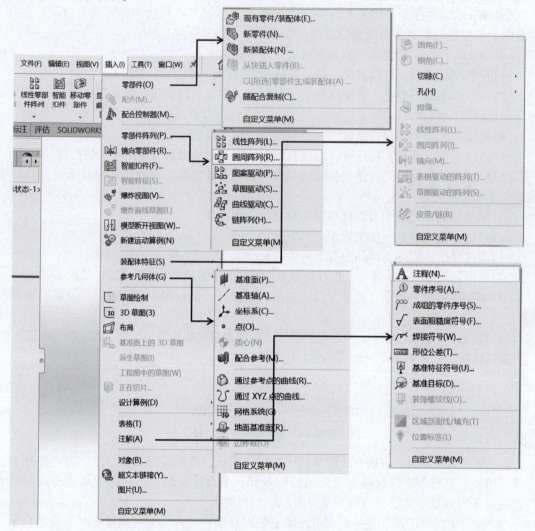

图 2-50 "插入"菜单

"装配体(A)"工具栏中各按钮的作用如下。

A1：插入零部件。将一个现有零件或子装配体插入装配体中。

A2：配合。为零部件添加配合。

A3：线性阵列。将零部件沿着一个或两个方向进行线性阵列。

A4：智能扣件。使用 SolidWorks Toolbox 标准件库，将扣件添加到装配体中。

A5：移动零部件。在零部件的自由度内移动零部件。

A6：显示/隐藏零部件。

A7：装配体特征。创建各种装配体特征。

A8：参考几何体。创建装配体中的各种参考特征。

A9：新建运动算例。插入新运动算例。

A10：材料明细表。创建材料明细表。

A11：爆炸视图。将零部件按指定的方向分离。

A12：爆炸直线草图。添加或编辑显示爆炸的零部件之间的3D草图。

A13：干涉检查。检查零部件之间的任何干涉。

A14：间隙验证。验证零部件之间的间隙。

A15：孔对齐。检查装配体中零部件之间的孔是否对齐。

A16：装配体直观。为零部件添加不同外观颜色便于区分。

A17：性能评估。显示相应的零件、装配体等相关统计，如零部件的重建次数和数量。

A18：Instant3D。启用拖动控标、尺寸及草图来动态修改特征。

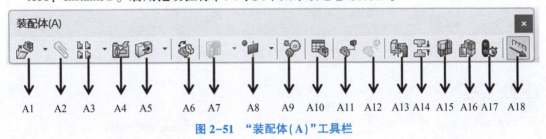

图2-51 "装配体(A)"工具栏

2. 建立装配体的步骤

在SolidWorks中建立装配体的步骤如下。

(1)打开SolidWorks，选择"新建装配"命令创建一个新的装配文件。

(2)导入零件。使用"插入组件"命令导入需要组装的文件。在用户界面单击"文件"→"新建"→"装配体"按钮，在打开的对话框中单击"装配体"按钮，完成新装配体的创建，如图2-52所示。用户可以从现有的零件库中选择已经创建的零件，也可以直接导入新的文件。

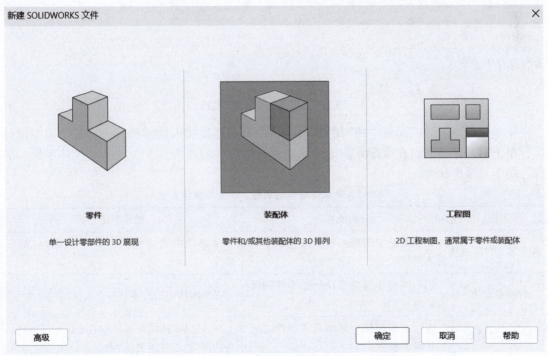

图2-52 建立装配体

除新建外，还可以将现有的零部件或子装配体导入装配体中。插入零部件只是将文件数据与装配体文件链接，而其文件数据（包括改动数据）都保存在源文件中，更改零部件装配体会自动更新。插入零部件的一般过程如下。

①通过默认向导窗口插入零部件。这是建立新的装配体时，第一次进入装配界面的快捷操作。

②二次或多次插入零部件。该操作需选择"装配体"→"插入零部件"命令，打开"插入零部件"面板，用户可以通过"打开"对话框插入零部件，如图 2-53 所示。

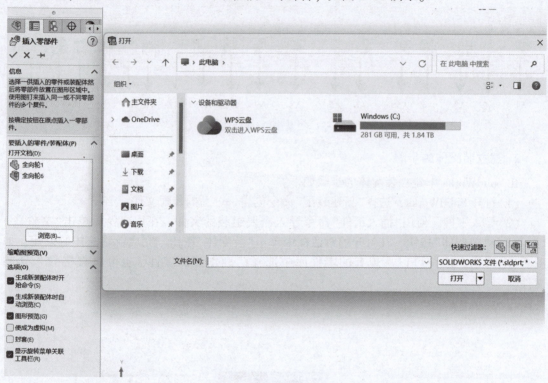

图 2-53　"插入零部件"面板

单击"插入零部件"面板中的"浏览"按钮，即可选择要插入的零部件。选好所需零部件后，单击"打开"按钮，在装配界面逐一单击完成零部件的插入。表 2-5 为装配体编辑的名称、功能与操作方法。

表 2-5　装配体编辑的名称、功能与操作方法

名称	功能	操作方法
插入零部件阵列	使用零件中的阵列特征来生成零件阵列	从菜单中选择"插入"→"零部件阵列"命令
替换零部件	用不同的零部件替换所选零件的所有实例	在装配体中右击零部件，选择"替换"命令
查看从属关系	在当前装配体中显示成零部件之间的从属关系	在设计树/特征管理器中右击顶层零部件，并选择"查看从属关系"命令

续表

名称	功能	操作方法
编辑配合	修改已经设定的配合关系	在设计树/特征管理器中右击配合,并选择"编辑定义"命令
重新排序	在设计树/特征管理器中为许多特征重新排序,以控制工程图中材料明细表中的顺序	在设计树/特征管理器中拖动零部件,并定位
解散子装配体	在主装配体中用子装配体中零部件替代这个子装配体	在设计树/特征管理器中右击子装配体图标,并选择"解散子装配体"命令
生成新子装配体	使用当前装配体的零件创建一个新的装配体	在设计树/特征管理器中右击零部件或零件,并选择"在此生成新子装配体"命令

（3）定位零件。在装配中定位每个零件的位置和方向。用户可以使用约束关系(如固定、平行、垂直等约束)将零件放置在正确的位置上。通过拖动、旋转、调整尺寸等操作,确保零件之间的相对位置正确。

一般来说,第一个插入的零件默认为固定。当然,如果装配的零件很多,也可以挨个装配,完成装配,后分别令其"固定",未完成装配的零件仍保持为"浮动"。

"移动零部件"面板如图2-54所示。要移动零部件,可以通过选中目标零部件将其拖动到指定的位置,也可在视图窗口中直接单击目标零部件拖动。"选项"下的3个单选项一般用于动态干涉检查或模拟现实的碰撞等。碰撞后表面颜色加深。也可以通过图2-55所示的"旋转零部件"面板来旋转零部件,二者操作类似。

图2-54　"移动零部件"面板　　图2-55　"旋转零部件"面板

在装配体中,往往需要插入多个同样的零部件,这时可以通过复制功能来快速实现。复制零部件的两种操作方法如下。

①使用组合键〈Ctrl+C〉、〈Ctrl+V〉来复制、粘贴目标零部件。

②使用键盘、鼠标组合，按住〈Ctrl〉键并单击目标零部件，然后拖动鼠标一定距离即可实现目标零部件的复制。

通过定义装配配合，可以指定零部件相对于装配体中其他零部件的位置。装配配合的类型包括重合、平行、垂直和同轴心等。在 SolidWorks 中，一个零部件通过装配配合添加到装配体后，它的位置会随着与其有约束关系的零部件的位置改变而相应地改变，配合设置值作为参数，可随时修改，并可与其他参数建立关系方程，这样整个装配体实际上是一个参数化的装配体。配合关系如表 2-6 所示。

表 2-6 配合关系

配合关系		说明	配合关系		说明
标准配合	重合	将所选面、边线及基准面定位共享同一个无限基准面。定位两个顶点使它们彼此接触	高级配合	对称	迫使两个相同实体绕基准面或平面对称
	平行	放置所选项，这样它们彼此间保持等间距		凸轮	迫使圆柱、基准面或点与一系列相切的拉伸面重合或相切
	垂直	将所选项以彼此互成 90°夹角放置		宽度	将标签置中于凹槽宽度内
	相切	将所选项以彼此间相切放置（至少有一选择项必须为圆柱面、圆锥面或球面）		齿轮	迫使两个零部件绕所选轴彼此相对旋转
	同轴心	将所选项放置于共享同一中心线		齿条和齿轮	齿条的线性平移引起齿轮的周转，反之亦然
	距离	将所选项以彼此间指定的距离放置		限制	允许零部件在距离配合和角度配合的一定数值范围内移动，配合对齐
	角度	将所选项以彼此间指定的角度放置			

装配配合的注意事项如下。

①一般来说，建立一个装配配合时，应选取零件参照和部件参照。零件参照和部件参照是零件和装配体中用于配合定位和定向的点、线、面。例如，通过重合约束将一根轴放入装配体的一个孔中，轴的中心线就是零件参照，而孔的中心线就是部件参照。

②系统一次只添加一个配合。例如，不能用一个重合约束将一个零件上两个不同的孔与装配体中的另一个零件上两个不同的孔对齐，必须定义两个不同的重合约束。

③要在装配体中完整地指定一个零件的放置和定向（即完整约束），往往需要定义几个装配配合。

④在 SolidWorks 中装配零件时，可以将多于所需的配合添加到零件上。即使从数学的角度来说，零件的位置已完全约束，但还可以根据需要指定附加配合，以确保装配件达到设计意图。

（4）添加其他组装特征。根据需要，用户可以添加更多的组装特征来完善装配体。例如，使用螺纹、销钉、轴承等组装特征来模拟实际装配过程中的连接方式。这些的目的都是使虚拟的装配与现实的情形更吻合。

（5）完成并保存。完成装配设计后，保存装配文件，并按需求导出、打印或进行其他操作。

在进行装配体设计时，用户需要熟悉 SolidWorks 的界面和基本操作，如选择工具、编辑工具、约束工具等。同时，了解如何创建和添加零件、应用约束关系以及进行运动学分析等方面的知识也是很重要的。

至于装配体相关的运动仿真和爆炸图制作等内容，此处不再介绍，请读者参见其他相关专业书籍。

2.2.6　SolidWorks 创建工程图

SolidWorks 可以为设计的 3D 实体零件和装配体生成二维工程图。零件、装配体和工程图是互相链接的文件，对零件或装配体进行的任何更改都会导致工程图文件的相应变更。

一般来说，工程图包含几个由模型建立的视图，也可以由现有的视图建立视图。例如，剖面视图可由现有的工程视图生成。

SolidWorks 中的工程图，可以如同常见的二维 CAD 软件一样直接用草图画出三视图进行相应标注，也可以通过已经存在的 3D 模型直接生成相应的工程图。与前者相比，直接从 3D 模型中生成工程图的方式存在以下优势。

（1）设计模型比绘制直线更快。

（2）SolidWorks 可从模型中生成工程图，因此具有更高的效率。

（3）可在 3D 环境中观阅模型，在生成工程图之前检查的几何体和设计问题，这样可避免工程图设计错误。

（4）可从模型草图和特征自动插入尺寸和注解到工程图中，而不必在工程图中手动生成尺寸。

（5）模型的参数和几何关系在工程图中被保留，可反映模型的设计意图。

（6）模型或工程图中的更改反映在相关文件中，更改起来更容易，工程图更准确。

在实际生产中，工人是依据零件图、装配图来完成产品的加工和装配的。在学校进行课程设计、毕业设计时，同样也要完成图样的绘制，零件的立体造型最终要转换成可供工人使用的图样。

SolidWorks 的工程图模块具有以下特点。

（1）可以从零件模型（或装配体）中自动生成工程图，包括各个视图及尺寸的标注等。

（2）SolidWorks 提供了能生成完整的、生产过程认可的详细工程图工具。工程图是完全相关的，当用户修改图样时，零件模型、所有视图及装配体都会自动被修改。

（3）使用交替位置显示视图可以方便地展现零部件的不同位置，以便了解运动的顺序。交替位置显示视图是专门为具有运动关系的装配体所设计的独特的工程图功能。

（4）使用软件中 RapidDraft 技术可以将工程图与零件模型（或装配体）脱离，进行单独操作，以加快工程图的操作，但仍保持与零件模型（或装配体）的完全相关。

（5）增强了详细视图及剖视图的功能，包括生成剖视图、支持零部件的图层、熟悉的二维草图及详图中的属性管理等功能。

在 SolidWorks 中创建工程图的步骤如下。

（1）完成 3D 模型。完成需要绘制工程图的 3D 模型。可以是单个零件，也可以是装配体。

（2）打开一个新的绘图文件。单击"新建"按钮，在打开的对话框中单击"工程图"按钮，单击"确定"按钮，新建工程图，如图 2-56 所示。也可以在零件图或装配图界面单击"文件"→"从零件制作工程图"或"从装配体制作工程图"直接生成工程图文件。

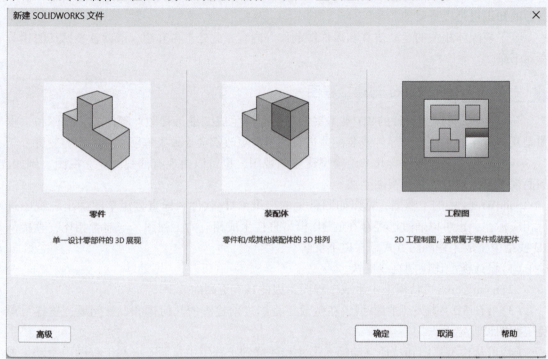

图 2-56　新建工程图

工程图中会使用到的专业术语包括工程图纸、图纸格式、工程视图和注解等。工程图用户操作界面如图 2-57 所示。

①工程图纸。在 SolidWorks 中，可以将"图纸"的概念理解为一张实际的绘图纸。工程图纸用来放置工程图视图、尺寸和注解。工程图中可以有多张图纸。

②图纸格式。图纸格式包括图幅设定、图框、标题栏、必要的文字、材料明细表定位点、预定义视图。保存下来的图纸格式可以重复使用。

③工程视图。工程视图是用正投影法所绘制的零件和装配体的视图。可以对工程视图进行缩放、定向并放置在图纸中。每张图纸可以包含不同参考的多个工程视图。SolidWorks 中可以创建的工程视图如下。

a. 标准工程视图：以零件或装配体生成的各种视图，包括标准三视图、模型视图、相对视图、预定义的视图、空白视图。

b. 派生工程视图：由已有的标准视图或其他派生视图快速产生的新的视图，整个过程无须重新绘制或重复定义几何元素。用户可以根据需求选择一个已有的基础视图（如主视图或剖视图），然后根据需求选择不同的显示样式、比例尺、剖面设置等生成一个新的视图，该新视图即为派生工程视图，包括投影视图、辅助视图、局部视图、裁剪视图、断开的剖视图、剖面视图、旋转剖视图、交替位置视图、相对视图。

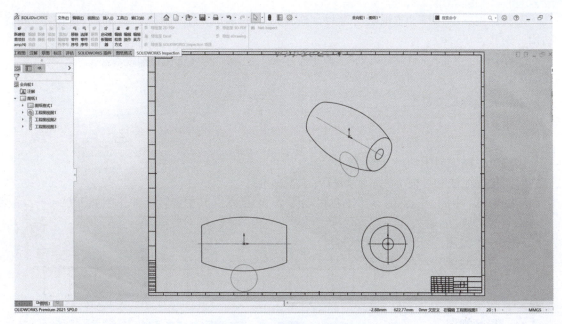

图 2-57　工程图用户操作界面

④注解。

注解包括：注释、焊接注解、基准特征符号、基准目标符号、形位公差、表面粗糙度、多转折引线、孔标注、销钉符号、装饰螺纹线、区域剖面线填充、零件序号等。

以上提到的图纸、格式、视图和注解等内容，都可以通过 SolidWorks 的模板功能进行预设。在打开 SolidWorks 的工程图时，也会提示是否直接使用模板。

模板是 SolidWorks 的一组系列文件(零件图模板、工程图模板、装配图模板)，当新建零件(装配、工程图)时，SolidWorks 将根据模板来设置图纸格式等系统属性和文件属性。

在"工具"→"选项"→"系统选项"里有很多相关参数的设置，包括各种颜色设置等，修改这些设置可以使 SolidWorks 各种默认颜色符合用户的喜好，从而达到个性化的目的。在"工具"→"选项"→"文件属性"中可以修改一些 SolidWorks 标识、标注的样式，修改这些设置可以使 SolidWorks 更符合国家标准要求。SolidWorks 零件图模板的扩展名为"＊.prtdot"，装配图模板的扩展名为"＊.asmdot"，工程图模板的扩展名为"＊.drwdot"。在 SolidWorks 中，模板的默认保存位置为"SolidWorks 安装目录\data\templates"。

(3)创建视图。在绘图文件中，使用"视图布局"命令创建所需的视图。用户可以选择主视图、截面视图、细节视图等来展示模型的不同角度和特征。

工程图应包含的内容如下。

①一组视图(视图、剖视图、断面图)：表达零件各部分的形状、结构、位置。

②完整的尺寸：确定零件各部分形状的大小、各结构之间的相对位置。

③技术要求：说明零件在制造和检验时应达到的技术标准。

④标题栏：说明零件的名称、材料、数量及签署人等。

工程图的视图选择原则如下。

①主视图安放位置应符合零件的加工位置或工作位置，以能最清楚地显示零件的形状特征的方向为主视图的投影方向。

②其他视图的选择：主视图确定后，选择适当的其他视图（剖视、断面）表达该零件的结构、形状。

③在选择视图时，可制作几种方案进行分析、比较，然后选出最佳方案。

工程图的尺寸标注的要求如下。

①正确选择尺寸基准。

②按零件加工工序标注尺寸。

③标注尺寸要便于测量。

④避免标注成封闭的尺寸链。

⑤简化标注法和习惯标注法必须符合国家标准。

SoildWorks 中的"工程图（D）"工具栏如图 2-58 所示，其中各按钮的作用如下。

A1：模型视图。

A2：投影视图。

A3：辅助视图。

A4：剖面视图。

A5：显示断面。

A6：局部视图。

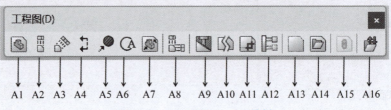

图 2-58　"工程图（D）"工具栏

A7：相对视图。

A8：标准三视图。

A9：断开的剖视图。

A10：断裂视图。

A11：剪裁视图。

A12：交替位置视图。

A13：空白视图。

A14：预定义的视图。

A15：更新视图。

A16：替换模型。

工程图部分视图的功能和操作方法如表 2-7 所示。

表 2-7　工程图部分视图的功能和操作方法

视图名称	功能	操作方法
模型视图	基于零件或装配体中的视图方向生成在一个视图方向上创建的单个视图（如上视图、前视图、等轴测图等）	单击"插入"→"工程视图"→"模型视图"按钮，或在"工程图（D）"工具栏上单击"模型视图"按钮，选择一种视图定向，然后单击放置零件或装配体的模型视图，上下左右移动视图，从而创建一个或多个模型视图
投影视图	利用现有的视图在可能的 4 个投影方向上建立投影视图	选择视图，单击"插入"→"工程视图"→"投影"按钮，或者在"工程图（D）"工具栏上单击"投影视图"按钮创建投影视图
辅助视图	利用现有的视图，在垂直其中一条参考边线的方向上生成视图	选择视图中的一条参考边线，单击"插入"→"工程图"→"辅助视图"按钮，或者在工程图工具栏上单击"辅助视图"按钮创建辅助视图

续表

视图名称	功能	操作方法
剖面视图	利用剖面视图,用户可以通过定义视图中的剖切线"剖开"视图。可分为全剖、半剖和阶梯剖视图	绘制剖切线,单击"插入"→"工程视图"→"剖面视图"按钮,或者在"工程图(D)"工具栏上单击"剖面视图"按钮,放置剖视图。在放置剖视图时按住〈Ctrl〉键,可以断开剖面视图和父视图的对齐关系
局部视图	利用局部视图,用户可以单独放大现有视图的某个局部建立一个新的视图	绘制一个包含放大区域的草图(一般用圆),选择草图几何体,单击"插入"→"工程视图"→"局部视图"按钮,或者在"工程图(D)"工具栏上单击"局部视图"按钮,并放置视图,右单击局部视图可以修改局部视图的比例
标准三视图	基于零件或装配体中的视图方向生成其前视、右视和上视3个标准视图	单击"插入"→"工程视图"→"标准三视图"按钮,或在"工程图(D)"工具栏上单击"标准三视图"按钮,切换到打开的文档窗口,在视图窗口单击创建标注三视图
断开的剖视图	断开的剖视图是现有视图的一部分,并不是一个独立的视图。断开的剖视图是由封闭的轮廓线表示	创建一个封闭轮廓(一般用样条曲线轮廓)并选中它,单击"插入"→"工程视图"→"断开的剖视图"按钮,或者在"工程图(D)"工具栏上单击"断开的剖视图"按钮,单击"深度"框激活选择深度,创建断开的剖视图。用户可以在相关视图中选择一条边,或者直接设定这个深度
断裂视图	利用断裂视图,用户可以在较小的图纸中以较大的比例显示较长的零件	选择视图,单击"插入"→"工程图视图"→"断裂视图"按钮,或者直接在"工程图(D)"工具栏上单击"断裂视图"按钮,然后选择想要断开的视图,在打开的属性管理器中选择切除方向;单击"添加水平(或者竖直)折断线"按钮,确定缝隙大小,选择折断线样式,在视图拖动折断线至想要折断的位置,确定断开范围,生成对应的断裂视图
剪裁视图	利用剪裁视图,用户可以对现有的视图进行裁剪,只保留其中所需的部分	绘制一个闭合的轮廓线,单击"插入"→"工程视图"→"剪裁视图"按钮,或者在"工程图(D)"工具栏上单击"剪裁视图"按钮创建剪裁视图
旋转剖视图*	旋转剖视图类似于一般的剖视图,只是它的剖切线是由两条或多条线段以一定角度连接而成	绘制剖切线,选择一条直线确定剖面视图的对齐方向,在"工程图(D)"工具栏上单击"剖面视图"按钮,并放置视图

(4)添加标注。使用"注解"工具栏上的标注工具对视图进行标注。用户可以添加尺寸、注释、表格等信息,以便详细说明模型的尺寸和特征。

(5)添加标题块。使用"标题块"命令添加工程图的标题块,其中包括项目名称、绘图者、日期等信息。

（6）添加尺寸标准。根据所需的标准，选择合适的尺寸标准并应用到绘图中。

（7）绘制符号。根据需要，使用线条、文本、箭头等工具绘制符号和标记。

用户可以利用图 2-59 所示的"注解（N）"工具栏添加注解。

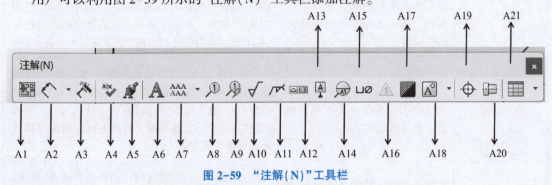

图 2-59　"注解（N）"工具栏

"注解（N）"工具栏中各按钮的说明如下。

A1：还原工程图。

A2：智能尺寸。

A3：模型项目。

A4：拼写检验程序。

A5：格式涂刷器。

A6：注释。

A7：线性注释阵列。

A8：零件序号。

A9：自动零件序号。

A10：表面粗糙度符号。

A11：焊接符号。

A12：几何公差。

A13：基准特征。

A14：基准目标

A15：孔标注。

A16：修订符号。

A17：区域剖面线/填充。

A18：块。

A19：中心线符号。

A20：中心线。

A21：表格。

（8）格式化和调整。用户可以对工程图进行格式化和调整，使其符合标准要求。用户还可以调整视图的大小和位置，添加图例、边框等以增强可读性。

用 SolidWorks 生成的工程图，与直接用二维 CAD 软件画出的图纸有较大的区别，如表 2-8 所示。因此一般要进行调整，无法直接替换使用。

表 2-8　二维 CAD 图纸与 SolidWorks 工程图的区别

项目	二维 CAD 图纸	SolidWorks 工程图
生成工程图	绘制直线	自动从模型(零件或装配体)生成或以草图绘制工具绘制
标准	默认 ANSI(美国国家标准)、ISO(国际标准)、DIN(德国标准)和 JIS(日本工业标准),软件中有模板可以直接使用或修改后使用	在"属性"选项中,可以选择 ANSI、ISO、DIN、GOST、JIS、BSI、GB 等标准,也可保存在模板中
缩放比例	通过"Viewports(视口)"功能实现缩放	在"属性"选项中修改图纸和视图,实现缩放比例功能
多个工程图	创建多个"Layouts(图层)"实现多个工程图目的	直接创建多张工程图图纸实现多个工程图目的
标题块	提示标题栏信息	编辑图纸格式,可添加直线、文字、文档的链接及自定义属性
工程视图	使用"Viewports(视口)"中的绘制几何体及图层命令手动生成对应视图	标准三视图、模型视图(如等轴测和爆炸视图)、相对视图自动从模型生成;派生视图(投影视图、辅助视图、剖面视图、局部视图、断裂视图、断开的剖视图及交替位置视图)以一或二个步骤从标准视图生成
对齐视图	通过手动绘制、调整实现视图的对齐	自动对齐,但可以拖动,对齐可以折断,视图可以旋转并隐藏
尺寸	在图形上手动插入尺寸,不能通过调整尺寸数值来更改几何体	模型尺寸在草图和特征中指定并从模型插入工程图;模型尺寸可以在工程图中修改并链接到模型;工程图中的参考尺寸不能被修改,如果模型更改,将自动更新;草图和工程图能以单步来标注尺寸
尺寸格式	尺寸样式	常用尺寸
符号	可使用控制码、Microsoft 字符映射表或第三方软件	可从尺寸的尺寸库和使用符号的注解及设计库中使用
注释	文字、中心符号线及几何公差符号可使用,其他则手动生成(常在块中出现)	装饰螺纹线、表面粗糙度符号,基准特征符号基准目标符号、销符号、多转折引线、零件序号及成组的零件序号、区域剖面线、焊接符号、几何公差、中心符号线、中心线、焊缝、修订符号、孔标注等可作为工具使用
自动操作	自动生成、保存、层叠多行文字	自动插入中心符号线、中心线、零件序号、尺寸到新的工程图视图中;还可将这些项目以单一操作插入工程图或工程图视图中
引线	单独的实体,需手动附加	可与注解使用,自动附加到注解和模型(如有需要),引线随注解和模型移动

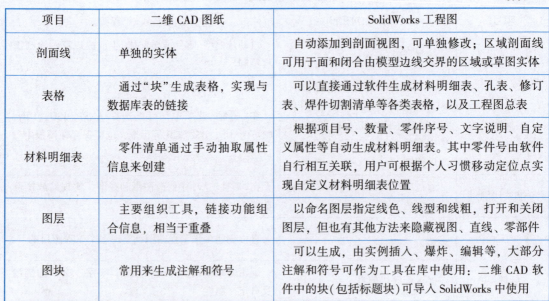

项目	二维 CAD 图纸	SolidWorks 工程图
剖面线	单独的实体	自动添加到剖面视图，可单独修改；区域剖面线可用于面和闭合由模型边线交界的区域或草图实体
表格	通过"块"生成表格，实现与数据库表的链接	可以直接通过软件生成材料明细表、孔表、修订表、焊件切割清单等各类表格，以及工程图总表
材料明细表	零件清单通过手动抽取属性信息来创建	根据项目号、数量、零件序号、文字说明、自定义属性等自动生成材料明细表。其中零件号由软件自行相互关联，用户可根据个人习惯移动定位点实现自定义材料明细表位置
图层	主要组织工具，链接功能组合信息，相当于重叠	以命名图层指定线色、线型和线粗，打开和关闭图层，但也有其他方法来隐藏视图、直线、零部件
图块	常用来生成注解和符号	可以生成，由实例插入、爆炸、编辑等，大部分注解和符号可作为工具在库中使用；二维 CAD 软件中的块（包括标题块）可导入 SolidWorks 中使用

相较于零件的工程图，装配体的工程图必须有以下部分。

①一组视图：表达机器或部件的结构、工作原理、装配关系、各零件的主要结构形状。

②完整的尺寸：机器或部件的规格、配合（零件图中注有精度等级的尺寸）、安装（如安装孔间距）、总体尺寸。

③技术要求：说明机器或部件的性能、装配、检验等要求；有关产品性能、安装、使用、维护等方面的要求；有关试验和检验的方法和条件；有关装配时的加工、密封和润滑方面的要求；

④标题栏：说明名称、质量、比例、图号、设计单位等。

⑤零件编号：装配图中每一种零件或部件都要进行编号，且形状尺寸完全相同的零件和标准部件只编一个序号，数量填写在明细栏中；序号应尽可能注写在反映装配关系最为清楚的视图上，且应沿水平或垂直方向排列整齐成行，并按顺时针或逆时针方向依次排列。

⑥明细表：列出机器或部件中各零件的序号、名称、数量、材料等。

（9）完成并保存。完成工程图绘制后，保存文件并按需求导出、打印或进行其他操作。

在创建工程图时，用户需要熟悉 SolidWorks 的界面和基本工具，如选择工具、标注工具、符号工具等。同时，了解工程图的常用标准和规范也是非常重要的。

2.3 CAD 在产品设计中的其他应用

除了 3D 建模、绘图和注释、装配体设计外，CAD 在产品设计中还有许多其他应用，以下是其中一些常见的应用。

（1）模拟和分析。CAD 软件通常集成了强大的仿真和分析工具，用于评估产品的性能和行为。例如，结构分析、流体动力学分析、热传导分析等，这些分析可以帮助用户优化产品设计并预测其性能。

（2）可视化和渲染。CAD 软件提供了可视化和渲染功能，可以产生逼真的图像和动画，以展示产品的外观和效果。这对于产品展示、宣传和销售非常有用。

（3）制造和加工。CAD 软件可以生成产品的工程图，包括尺寸、几何要求和加工说明等，以便制造商能够理解和生产产品。此外，一些 CAD 软件还支持与 CAM 软件的集成，使制造过程更加自动化和高效。

（4）数据管理。CAD 软件通常具备数据管理功能，可以帮助设计团队组织、管理和共享设计文件，进行版本控制，促进团队合作。

总之，CAD 软件在产品设计中的应用覆盖了从初始概念到最终制造的整个过程。通过使用 CAD 软件，用户可以更快速、准确地创建和修改产品模型，并利用相关工具分析和评估设计的可行性和性能。

2.3.1　SolidWorks 渲染

SolidWorks 包含一个渲染插件，即 PhotoView 360，如图 2-60 所示。利用此插件，可对零件或装配体进行渲染，渲染的对象包括模型中的外观、光源、布景及贴图等，可使零件或装配体外观绚丽夺目，具有真实感，给用户带来视觉上的冲击。

以下是在 SolidWorks 中进行渲染的基本步骤。

（1）完成 3D 模型：完成需要渲染的 3D 模型，并保存好文件。

（2）创建渲染视图：在 SolidWorks 中打开模型文件，单击"SOLIDWORKS 插件"中的"PhotoView 360"按钮，会激活"渲染工具"选项卡如图 2-61 所示。

图 2-60　PhotoView 360

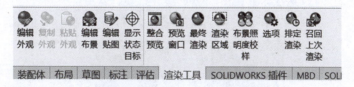

图 2-61　"渲染工具"选项卡

（3）设置材质和外观：在渲染视图中，可以使用"材质编辑器"工具来设置模型的材质、颜色、纹理等外观属性。用户可以选择现有的材质库，也可以自定义材质。

（4）编辑外观。在模型中，可以编辑实体的外观。打开一个模型，在"渲染工具"选项卡中单击"编辑外观"按钮，默认打开"颜色"属性管理器，如图 2-62 所示。也可选择打开图 2-63 所示的"纹理"属性管理器，操作方法是单击图 2-64 所示"外观"管理器中的"纹理"按钮。

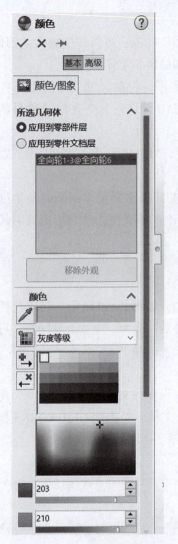

图 2-62 "颜色"属性管理器

图 2-63 "纹理"属性管理器

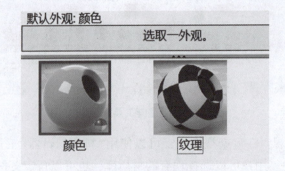

图 2-64 "外观"管理器

①颜色选项：可对模型的面进行上色，上色的范围可在所选几何体下选择。有 5 种上色方式，分别是选择零件上色、选择面上色、选择曲面上色、选择实体上色和选择特征上色。

②纹理选项：可对模型的面添加纹理，添加纹理的范围与上色一样。

在"基本"选项卡中只能用软件自带的纹理或颜色。在"高级"选项卡中除了用软件自带纹理或颜色，用户还可自行导入纹理图片。

（5）调整光照和环境。用户可以使用"编辑布景"工具来调整光照和环境设置。用户可以设置光源的位置、亮度和颜色，以及添加背景环境或反射平面。"编辑布景"界面如图2-65所示。用户还可以通过"编辑贴图"工具进入图2-66所示的"编辑贴图"界面，改变实体表面的贴图。

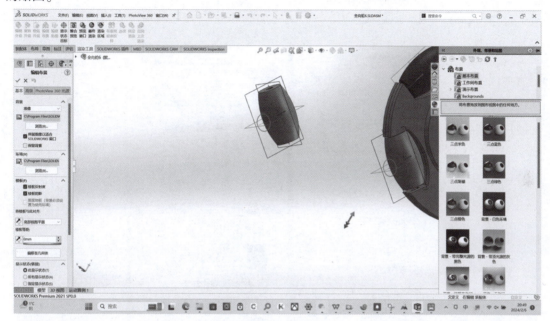

图2-65　"编辑布景"界面

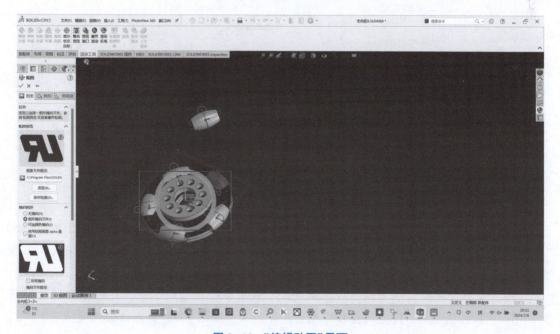

图2-66　"编辑贴图"界面

（6）配置渲染选项。在 SolidWorks 的菜单栏中选择"渲染工具"→"选项"命令，然后在图 2-67 所示"PhotoView 360 选项"属性管理器中配置渲染设置。用户可以设置渲染质量、阴影类型、抗锯齿等。

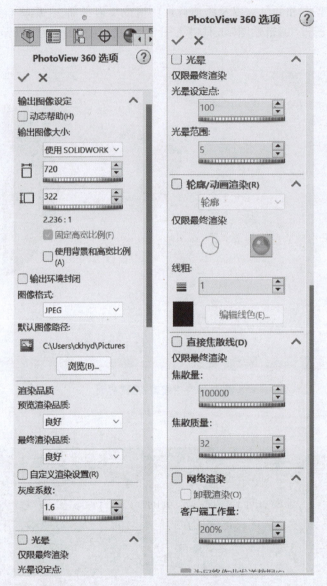

图 2-67 "PhotoView 360 选项"属性管理器

（7）执行渲染。在完成渲染设置后，单击"整合预览"按钮，可以进行效果预览，单击"最终渲染"按钮，开始执行渲染过程。根据模型复杂度和设置的渲染质量，渲染时间可能会有所不同。

（8）查看和保存渲染结果。一旦渲染完成，就可以查看渲染结果，并根据需要进行调整。用户可以使用拖动、缩放等操作来观察渲染效果，如图 2-68 所示。渲染完成后，可以保存结果为常见的图像格式（如 .jpeg、.png）或动画格式（如 .avi、.mp4）。

除了上述基本步骤外，SolidWorks 还提供了许多高级的渲染功能，如深度模糊、全局照明、镜面反射等。可以通过学习和探索 SolidWorks 官方文档、教程和培训资源来深入了解这些高级渲染技巧和方法。

图 2-68　观察渲染效果

2.3.2　SolidWorks 有限元分析

SolidWorks 集成了强大的有限元分析（Finite Element Analysis，FEA）工具，称为 SolidWorks Simulation。它可以帮助用户评估产品的结构强度、振动响应、热传导等性能，并指导产品设计的优化。SolidWorks Simulation 提供了单一屏幕解决方案来进行应力分析、频率分析、扭曲分析、热分析和优化等。凭借快速解算器的强有力支持，用户能够使用个人计算机快速解决大型问题。

SolidWorks Simulation 是面向工程设计人员的设计分析工具，无论是机械工程师，还是建筑工程师或其他领域的工程师，都能够在较短的时间内掌握软件的使用方法，并能得心应手地完成本领域的设计分析问题。由于 SolidWorks Simulation 可以在微机上进行专业有限元分析，因此以往只有具备有限元专业知识的高校、研究所的专业人士使用昂贵的分析软件来做的工作变得简单。随着微机 CAD/CAE 软件的不断发展，越来越多的人掌握应用 CAE 软件分析解决工程实际问题的技术。在高校开设 CAE 软件课程，无疑会对学生掌握 CAE 知识并利用其解决各类分析问题产生积极的意义，也为学生将来走上工作岗位打下坚实的基础。

传统工程结构的分析与计算一般根据材料力学、理论力学和弹性力学所提供的公式来进行，由于有许多简化条件，因此工程计算精度较低。为了保证设备的安全可靠运行，常采用加大安全系数的方法，导致尺寸过大，不但浪费材料，而且有时会造成结构性能的降低。现代产品的设计与制造正朝着高效、高速、高精度、低成本、节省资源和高性能等方面发展，传统的计算分析方法已无法满足要求。随着计算机技术的发展，CAE 软件也发展迅速。采用 CAE 软件进行复杂工程分析时，无须进行简化，并且计算速度快，精度高，它能对产品的应力、变形、安全性及寿命等做出正确的分析，在此基础上对其进行优化设计，能够达到在满足设计要求下产品质量最小化的要求，因此在工程设计上采用 CAE 软件是提高产品设计水平的重要途径，也是产品设计的发展方向。

快速推出可信赖的高质量产品已是业界面临的挑战，为了适应市场要求，必须降低设计和制造成本。要缩短设计时间，减少错误设计是唯一可行的道路。但是如何达到此目标呢？在现代工业生产中，CAD/CAM 软件已经减少了不少设计者的负担。在智能制造快速发展的今天，以前被视为设计和制造过程中的配角——CAE 软件已经摆脱了可有可无的角色，变成设计过程中不可缺少的重要的一环。SolidWorks Simulation 正是在这种情况下发展壮大，并得到了业界的广泛好评。

SolidWorks Simulation 可以帮助用户在以下几方面提高设计质量。

（1）缩短设计所需的时间和降低设计成本。

（2）在精确的分析后制造出高质量的产品。

（3）能够快速对设计变更做出反应。

（4）能充分地和 CAD 软件结合，并对不同类型的问题进行分析。

（5）能够精确地预测产品的性能。

以下是在 SolidWorks 中进行有限元分析的基本步骤。

（1）准备模型。打开要进行有限元分析的模型文件，确保模型正确无误后，在"SOLID-WORKS 插件"选项卡中单击"SOLIDWORKS Simulation"按钮，启用有限元分析功能，如图 2-69 所示。

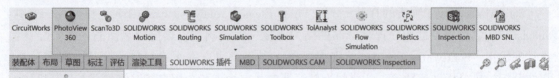

图 2-69　启用有限元分析功能

（2）创建算例。进入 SOLIDWORKS Simulation 仿真界面，单击"新算例"按钮，选择算例进行有限元分析，如图 2-70 所示。可以从图 2-71 中看到 SOLIDWORKS Simulation 支持的仿真类型，包括静应力分析、频率分析、拓扑结构优化、热力学分析、疲劳分析等。模拟设置界面如图 2-72 所示。

图 2-70　选择算例进行有限元分析

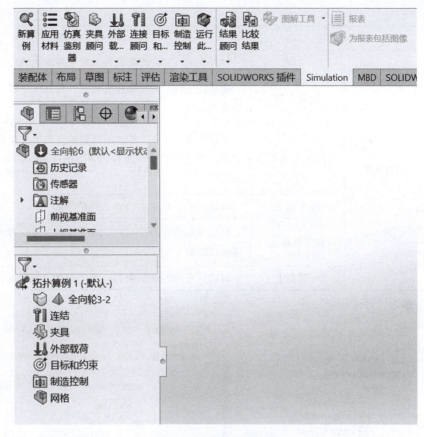

图 2-71　仿真类型　　　　　　　　**图 2-72　模拟设置界面**

（3）应用材料。可以选择直接应用 SolidWorks Materials 库中的材料，也可以直接自定义材料名称、属性等，如图 2-73 所示。需要注意的是，有一些属性是所有的仿真都要用到的（这部分以红色标注），如弹性模量、泊松比等；还有一部分属性是部分仿真所必需的（这部分以蓝色备注），如热膨胀系数为热力学分析必需的，在对应的仿真分析中同样是不可或缺的。

（4）添加约束。为了完成静态分析，模型必须被正确进行约束，使之无法移动。SolidWorks Simulation 提供了各种夹具来约束模型。一般而言，夹具可以应用到模型的顶点、边线、面。夹具和约束被分为标准和高级两类，其定义如表 2-9 所示。

表 2-9　夹具类型及定义

夹具类型		定义
标准夹具	固定几何体	所有的平移和转动自由度均被限制（如悬臂梁），边界条件不需要给出沿某个具体方向的约束条件
	滚柱/滑杆	能在指定平面上移动，但不能在平面上进行垂直方向移动
	固定铰链	指定只能绕轴运动的圆柱面，圆柱面的半径和长度在载荷下保持常数

续表

夹具类型		定义
高级夹具	对称	针对平面，允许面内位移和绕平面法线的转动
	圆周对称	物体绕一特定轴周期性旋转时，对其中一部分加载。该约束可形成旋转对称体
	使用参考几何体	保证约束只在点、线、面指定的方向上，而在其他方向上可以自由运动，参考基准可以是作图环境中的基准面，以及造型实体上轴、边、面
	在平面上	可以约束平面的 1~3 个方向的平移
	在圆柱面上	可以约束圆柱面在径向、圆周方向、轴线方向的移动，允许圆柱面绕轴线旋转
	在球面上	可以约束球的表面在 1~3 个方向的平移，允许球的旋转

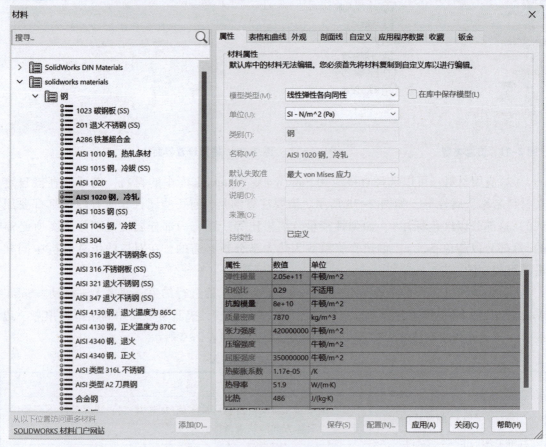

图 2-73　应用材料示例

　　用户在添加约束时，经常出现的错误是对模型施加过多的约束，这会导致模型变得过于刚性，其变形状态与实际的变形情况不符。这种过度定义的约束可能会导致变形和应力的计算结果出现误差。因此，用户在设置约束时，必须确保这些约束与模型的实际情况相符合。为了掌握正确的约束方法，需要通过不断地学习和参考帮助文档中相似的约束案例，以及通过对比材料力学中传统的计算和分析结果来验证约束的正确性。

（5）施加载荷。添加约束完成后，需要对模型施加外部载荷，一般来说，载荷可以通过各种方法加载到模型的面、边和顶点上。标准外部载荷的类型及定义如表 2-10 所示。

表 2-10　标准外部载荷的类型及定义

序号	类型	定义
1	力	依据选的参考基准(平面、边、轴线)所确定的方向，对一个平面、一条边或一个点施加力或力偶矩。注意，实体面上的点必须是在 SolidWorks 中定义的参考几何体中的点，包括投影点、交叉点等；对于横梁，也可以对接点施加力或力偶矩
2	扭矩	对圆柱面，可以施加扭矩，按物理学中的右手法则绕参考轴施加扭矩，转轴必须在 SolidWorks 中定义
3	压力	对一个面施加压力，可以是均布的，也可以是非均布的
4	引力	给零件或装配体指定线性加速度
5	离心力	给零件或装配体指定角速度和加速度
6	轴承载荷	在两个接触的圆柱面之间定义轴承载荷
7	远程载荷/质量	通过连接的结果传递法向载荷
8	分布质量	将质量施加到所选面，模拟被压缩的零部件质量

（6）划分网格。添加约束和载荷施加完成后，就可以对实体进行网格划分了，即用网格划分工具将模型离散化为有限元网格。网格划分的密度和精度会影响分析结果的准确性和计算时间。用户可以手动选择网格划分参数或使用自动网格划分工具，如图 2-74 所示。用户可以直接拖动进度条决定网格划分的密度，也可以直接指定每一个单元的边长等。网格密度的设置对分析时间和结果误差有直接影响，在分析过程中，通常使用默认的中等密度的网格，其划分误差完全可以满足工程需要，但计算的时间却很短，是最有效的划分方式。图 2-75 所示为网格划分结果。

（7）运行分析。单击"运行此算例"按钮，进行有限元分析。SolidWorks Simulation 将根据设置的边界条件和材料属性进行计算，并生成相应的结果。

分析完成后，软件自动生成结果文件夹，包括静态分析生成应力、位移、应变结果。可以通过软件的图解设置添加新的结果，但对于静态分析，上述结果已经能满足需要。

（8）分析结果。结果分析有多种选项，这里对主要的结果分析选项进行介绍。

①应力。

a. 双击"应力"按钮，显示应力图解。

注意：对于只承受拉伸、压缩的杆件如桁架，在"应力"下拉菜单中选择轴。

b. 探测。利用探测手段，可以探测零件任何部位的应力值。

c. 截面剪裁。利用截面剪裁，可以查看零件任何截面上的应力值。

d. 显示最大、最小应力数值。通过设置图表选项，可以显示最大、最小应力发生的部位。

②位移。

a. 双击"位移"按钮，显示位移图解，可以显示总位移和 x、y、z 轴方向上的位移。

b. 单击"位移"选项可以显示支反力。

c. 可以用动画显示构件的变形过程。

③图表设置。

a. 通过图表设置，可以对应力、位移的单位，计数方法（科学、普通、浮点），小数位数进行设置。

b. 通过设置图表选项，可以显示最大、最小应力或位移在零件上发生的部位。

④生成结果报告。

SolidWorks Simulation 可以生成 Word 文档报告，便于查阅、存档。报告可以预先定义样式，包括封面、说明、模型信息、算例属性、单位、材料属性、载荷和约束、算例结果、结论等。

图 2-74　划分网格　　　　　　　　图 2-75　网格划分结果

2.3.3　其他功能

除了上述提到的功能（如非线性分析和有限元分析等）外，SolidWorks 还具有其他强大的功能。以下是一些其他功能的介绍。

（1）Sheet Metal。Sheet Metal 功能可用于设计和展开各种钣金零件。它提供了一组工具，使用户能够快速创建和编辑钣金零件，包括折弯特征、模块化设计等。

（2）Routing。Routing 功能可用于设计和布置管道、电气线缆和其他管路系统。它提供

了专门的工具和库，可以帮助用户在装配体中创建和编辑复杂的管道和线缆路径。

（3）Weldments。Weldments 功能可用于设计和管理焊接结构。它提供了一系列工具，用于创建焊接零件、定义焊缝和验证焊接连接的强度。

（4）SimulationXpress。SimulationXpress 是 SolidWorks 中的简化版有限元分析工具，可用于进行快速的静态仿真分析。它可帮助用户评估零件的性能和结构强度，并提供基本的应力和位移结果。

（5）Toolbox。Toolbox 是 SolidWorks 中的一个工具库，包含了常用的标准零件、螺纹、螺栓、垫圈等。用户可以轻松地从库中选择和插入这些标准零件，以加快设计过程。

（6）eDrawings。eDrawings 是 SolidWorks 的查看器和协作工具，可让用户与他人共享和查看 3D 模型。它支持多种文件格式，并提供标记和注释的功能，方便团队间的沟通和反馈。

（7）CircuitWorks。CircuitWorks 是 SolidWorks 的电子电路集成工具，可实现与其他电子设计软件（如 Altium Designer）之间的无缝集成。它使用户能够导入和编辑电路板设计图，并与机械设计进行联合验证。

以上只是 SolidWorks 的一部分功能介绍，该软件还具有许多其他功能，如 CAD 库管理、交互式视图创建等。

第 3 章
3D 打印详解

3.1 概 述

3D 打印(也称为增材制造)是一种快速制造技术,它可以通过逐层堆积材料来创建 3D 物体。

3D 打印技术有多种类型,每种类型都有各自的工作原理和适用范围。以下是一些常见的 3D 打印技术。

(1)熔丝沉积成形(Fused Deposition Modeling,FDM)。FDM 是最常见的 3D 打印技术,由美国学者斯科特·克伦普(Scott Crump)于 1988 年提出。它是将丝状的材料加热熔化,根据要打印物体的截面轮廓信息,将材料选择性地涂在工作台上,待材料快速冷却后形成一层截面,一直重复以上过程,直至形成整个实体造型。

(2)陶瓷膏体光固化成形(Stereo Lithography Apparatus,SLA)。SLA 技术利用紫外线固化光敏树脂来构建物体。

(3)激光选区烧结(Selective Laser Sintering,SLS)。SLS 技术使用激光束在粉末材料上进行局部熔化,逐层叠加形成物体,常用于金属、塑料等材料打印。

(4)数字化光照加工(Digital Light Processing,DLP)。DLP 技术类似于 SLA 技术,使用数百万个微小镜像模块将整个层的图像投射到液态树脂上进行固化。

(5)黏结剂喷射(Binder Jetting)。该技术使用喷墨头将粉末材料与黏结剂混合,逐层叠加形成物体,常用于打印陶瓷、砂岩等材料。

(6)直接金属激光烧结(Direct Metal Laser Sintering,DMLS)。DMLS 技术使用激光束熔化金属粉末,逐层堆积形成金属物体,常用于制造金属零部件。

以上是一些 3D 技术方式的示例,随着科学的不断发展,新的 3D 打印技术还在不断涌现。实际应用中,应根据所需打印材料、精度要求、打印尺寸等因素进行选择。

3.1.1 3D 打印技术原理及特点

1. 技术原理

3D 打印通过逐层堆积材料来创建 3D 物体,因此可见,它与传统的减材制造相反,是通过添加材料的方式实现物体构建的。

3D 打印的基本原理是将数字模型切割成多个薄层，然后逐层堆积材料以构建物体，其主要步骤如下。

（1）数字建模。使用 CAD 软件创建或获取数字模型。

（2）切片。将数字模型切分成数十至数百个薄层，生成切片信息。

（3）打印。3D 打印机按照切片信息逐层堆积材料，通过各种方式在每一层上加工或固化材料。

（4）后处理。完成打印后，需要进行后处理操作，如去除支撑材料、表面光滑处理等。

3D 打印流程如图 3-1 所示。

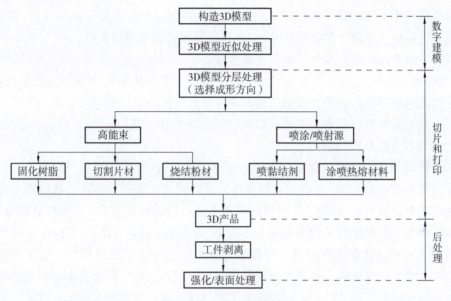

图 3-1　3D 打印流程

图中各环节的任务及技术要点简述如下。

（1）构造 3D 模型。

产品 3D 模型可以通过多种方式获得。最常见的是用 CAD 软件直接构建 3D 数字化模型，或将已有的二维图样进行转换从而形成 3D 模型。在逆向工程中，则是对产品实体进行 3D 扫描，得到点数据，然后利用反求工程的方法来构造 3D 模型。在医学领域，常采用计算机体层成像（Computed Tomograph，CT）和核磁共振成像（Magnetic Resonance Imaging，MRI）等生物医学图像的二维数据生成 3D 模型等。

要点：CAD 软件的功能可以方便地实现设计人员的构思或创意；由实物扫描获得的点数据建立的 3D 模型或者生物医学图像 3D 重建，能精准复现实物数据特征等。

（2）3D 模型近似处理。

对 3D 模型进行表面网格化处理，用一系列的小三角形平面来逼近原来的模型，将其转换为三角形面片表示的多面体模型，实现对 3D 模型的简化表示，如图 3-2 所示。只要将设计好的 3D 模型文件的扩展名设置为 .stl 后缀格式，就可方便地实现这样的转换。

图 3-2　3D 模型的近似处理

　　.stl 是由美国 3D Systems 公司提出的一种文件格式，专门用于在 CAD 模型与 3D 打印设备之间进行数据转换，其数据格式简单，但数据量很大。STL 模型用三角形面片来表示、记录原型的空间位置，所以在编辑、定位及分层处理等方面算法简单、实用，并且通用性良好。很多主流商用 CAD 软件(如 I-DEAS、UG、SolidWorks、Creo 及 AutoCAD 等)都支持 STL 文件的输入、输出。目前，STL 文件成为 3D 打印领域的标准接口文件。

　　要点：三角形面片逼近整个实体存在逼近误差，可以通过改变三角形面片的数量(或大小)来满足精度要求，但 STL 模型相对于 3D 模型原型在形状和尺寸精度方面都有所降低，使其实际应用受到限制。此外，增加三角形面片数量以提高精度的同时，也会大大增加数据量，可能使数据的转换过程中出现错误以及有冗余现象等缺陷。

　　(3)3D 模型分层处理(切片)。

　　对 STL 模型的分层处理通常又称为切片处理，它是 3D 打印数据处理的核心。利用分层处理软件，将 STL 模型的 3D 数据信息转换为一系列的二维轮廓，实现降维制造。分层处理时，首先应确定分层方向(依据 3D 模型的特征选择合适的叠加方向)，然后沿着分层方向，用一系列间距为分层厚度的平行平面来与 STL 模型求交，确定 STL 模型在各分层平面的轮廓，如图 3-3 所示。计算机根据每一层截面的轮廓信息生成加工路径，分层厚度越小，台阶效应越小，成型精度越高。理论上分层厚度可以无限小，但实际上最小层厚受到两个因素的制约：一是成型的工艺方法，不同的成型工艺精度不同，达到的最小层高就不同；二是成型的效率，层高越小，层数越多，成型时间也越长。

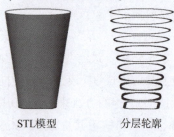

STL模型　　　　　分层轮廓

图 3-3　分层处理过程

　　要点：分层方向(又称为成型方向)的选择将直接影成型件的精度、强度、表面质量、成型时间、支撑体的构造及材料消耗，以及剥离支撑的难易程度。因此，确定分层方向时，要统筹考虑。

　　(4)分层叠加成型(堆积并打印)。

　　根据切片处理的截面轮廓，在计算机控制下，由成型系统有序地加工出每层模型，即由计算机控制成型头(激光头或喷头)和工作台，按层片截面轮廓信息做 x-y 平面扫描运动，并在工作台上堆积材料。每完成一个层片的堆积，工作台沿成型方向（z轴方向）下降一个层高，继续按新一层的轮廓堆积成型，这样逐层叠加，最终得到原型。

分层制造的方法决定了只要零部件表面（或表面的切线）方向与成型方向（x轴方向）的角度θ不为零，就一定会产生台阶效应，即零部件表面与模型表面存在误差，图3-4中的阴影部分即为误差。该误差与θ角、分层厚度成正比，即θ角和分层厚度越大，误差就越大，台阶效应也越明显。

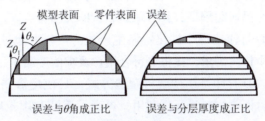

图3-4 零部件表面的台阶效应

要点：3D打印技术多种多样。不同技术适用的材料不同，所需的支撑条件不同，加工出的零部件在质量（尺寸精度、形状精度和表面粗糙度等）、力学性能等方面也不同。表3-1中列出了典型的3D打印所适用的材料、支撑条件及成型精度。

表3-1 典型的3D打印所适用的材料、支撑条件及成型精度

所适用的材料			3D打印技术	支撑条件	成型精度
固态材料	丝材	热塑性塑料、蜡、尼龙、橡胶等	FDM	需要	0.15 mm
	粉材	热塑性塑料、陶瓷、沙等	3D印刷（Three Dimension Printing, 3DP）	不需要	0.05 mm
			SLS	不需要	
	片材	纸、塑料薄膜等	分层实体制造（Laminated Object Manufacturing, LOM）	不需要	0.1 mm
液态材料		各种光敏树脂	SLA	需要	0.1 mm

（5）后处理。

从成型系统里取出成型件，进行支撑剥离、打磨、抛光、涂挂，或放在高温炉中进行烧结，从而进一步提高其强度。

2. 特点

3D打印采用增材制造的手段，将制品离散成为相互独立的层片进行制造，与传统的机械加工以减材方式制作相比，有以下的特点。

（1）设计自由度高。3D打印可以快速制造复杂形状和结构的物体，具有设计自由度高的优点。它能够实现复杂几何形状、内部空腔和组合结构等，打破了传统制造方法的限制。3D打印采用离散/堆积成型原理，将十分复杂的3D制造过程简化为二维过程的叠加，实现对任意复杂形状零部件的加工。整个生产过程数字化，制造越是复杂的物体越能显示出其优

越性，特别适用于复杂形腔、复杂形面等传统方法难以制造甚至无法制造的物体。对于高性能、难成型的物体，可通过打印方式一次性直接制造出来，不需要通过组装拼接来完成，实现结构优化、结构减重。

（2）快速迭代。3D 打印可以快速制造出样品或原型，实现快速迭代设计和验证。这对于加快产品开发周期和降低研发成本非常有益。与传统制造相比，3D 打印复杂形状零部件时不需要模具，省去了模具设计、制作的时间和成本，简化了制造工序流程，使生产周期大大缩短，同时也缩短了产品研制周期，具有快速制造的突出特点。

（3）定制化生产。3D 打印使得个性化定制生产成为可能。通过根据客户需求进行定制设计和制造，可以满足个体化需求，提供更符合用户要求的产品。

（4）资源利用高效。3D 打印是一种增材制造方式，只使用需要的材料，减少了废料的产生。此外，还可以对可回收物料进行再利用，提高了资源利用效率。3D 打印实现了近净成形，后续机械加工余量很小，原材料利用率高。与传统制造相比，3D 打印能耗低，可以进行高成本零部件的损伤、磨损快速修复，大幅降低生产成本，有利于环保和可持续发展，符合绿色制造理念。3D 打印不仅大幅降低了制造业的成本，而且减少了全球货物运输的需求，它使用可持续的新材料，不仅能降低碳排放，还会带来显著的环境效益。

（5）生产灵活性。3D 打印可以灵活调整生产流程和批量制造规模。它适用于小批量生产、个性化制造及分布式制造等场景，为生产过程提供了更大的灵活性。它集成了计算机、数控技术、激光技术、材料技术、逆向工程等现代高科技成果，是一种典型的多学科交叉运用技术，实现了 CAD/CAM 系统一体化，实现了材料的提取（气、液、固相）过程与制造过程一体化，是真正意义上的数字化、智能化制造。3D 打印与逆向工程技术、CAD、网络技术、虚拟现实技术等结合，将成为推进制造业快速发展的有力工具。

（6）制造复杂结构。3D 打印可以制造具有复杂内部结构和薄壁结构的零部件，这使用其他制造方法很难实现。3D 打印制造过程与零部件复杂程度无关。利用计算机建模设计，能轻易获得一些使用传统工艺不能实现的复杂曲面，使产品拥有更加个性的外观。并且很容易对一个 CAD 模型在尺寸、形状和比例上做实时修改或重组，以获得一个新零部件的设计和加工信息，为制作个性化产品提供了极大便利。由于不需要任何专用夹具或工具即可完成复杂的制造过程，因此在不增加成本的前提下，能实现产品多样性，特别适合研发新产品和小批量零部件的生产。此外，数字化文件还可借助网络进行传递，实现异地分散化制造的生产模式，省去运输时间，降低运输、库存成本，如制造轻量化结构和优化的内部通道设计等。

（7）制造多材料组合。3D 打印所使用的材料种类有很多，如树脂、尼龙、塑料、石蜡、纸、石膏、橡胶、金属及陶瓷等，基本上满足了绝大多数产品对材料的机械性能需求。尤其是对于各种难加工的高性能金属材料，3D 打印具有很大的优势。此外，3D 打印还可以实现多种材料任意配比的复合材料的零部件加工及功能梯度材料的制备。某些 3D 打印允许在一个物体中使用多种材料，实现不同功能或性质的组合，如在一个零部件中结合硬质材料和柔软弹性材料。

总之，3D 打印通过其设计自由度高、快速迭代、定制化生产、资源利用高效、生产灵活性、制造复杂结构及多材料组合等特点，为制造业带来了革命性的变化，并在许多领域得到广泛应用。

3.1.2　典型的 3D 打印技术

从 20 世纪 80 年代中期到 20 世纪 90 年代后期，先后出现了不同类型的 3D 打印方式，其中比较成熟的是图 3-5 所示的几种典型 3D 打印技术。它们的成型方式可归纳为两类：一类是由成型头输出材料或黏结剂，如 FDM 由喷头挤出熔融的热塑性材料，3DP 由喷头喷射黏结剂黏结粉末并按照二维图形层层堆积、叠加形成 3D 实体模型；另一类是由成型头输出高能束（包括激光、电子束等），如 SLS 技术以激光烧结粉材、SLA 技术以激光扫描液态光敏树脂使之固化、LOM 技术以激光切割片材等，依次使各层材料成型，叠加成 3D 实体模型。

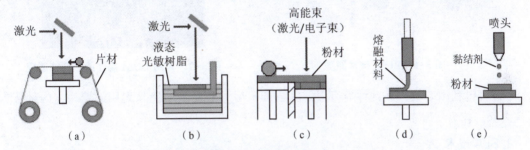

图 3-5　典型 3D 打印技术
(a)LOM；(b)SLA；(c)SLS；(d)FDM；(e)3DP

1. LOM 技术

1984 年，麦克·费金（Michael Feygin）提出了 LOM。1985 年，他组建了 Helisys 公司，并且于 1990 年开发出了世界上第一台商用 LOM 设备——LOM-1015。

1）技术原理

LOM 技术用于纸、塑料薄膜和金属薄膜等片状材料的成型，利用在一定条件下（如加热等）可以黏结的片状材料，运用 CO_2 激光切割出各层形状，随后再使各层黏合为一个整体。

LOM 技术原理如图 3-6 所示。将涂有热熔胶的料带通过热压辊的碾压作用，与前一层料黏结在一起后，激光束按照模型当前层的截面轮廓进行描切割，并将非零部件截面部分切割成网格状。工作台下降，料带移动，铺上新的一层料。如此反复，直到切割出所有各层的轮廓，并黏结在一起，形成 3D 物体。不属于截面轮廓的纸片以网格状保留在原处，起着支撑和固化的作用。

2）技术特点

通过对 LOM 技术工作过程的了解，不难发现该技术具有以下特点。

(1) 工作原理简单，一般不受工作空间的限制，适用于较大尺寸部件的制造。

(2) 成型速率较高、制造成本低。该工艺不需要激光束扫描整个模型截面，只需要切割出轮廓，所以加工时间主要取决于零部件的尺寸及其复杂程度。原材料成本低。

(3) 工件外框与截面轮廓之间的多余材料在加工中起到了支撑作用，不需要进行支撑设计，所以前期处理的工作量小。

（4）工作工程中不存在材料相变，因此不易引起翘曲、变形，零部件的精度较高。

（5）制造出的原型在各方向的机械性能有显著的不同，因此应用范围受到一定的影响。但在直接制造砂型铸造模方面有独特的优势，图 3-7 所示为采用 LOM 制作的砂型铸造模。

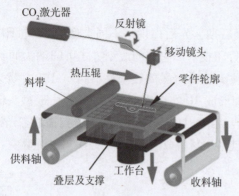

图 3-6　LOM 技术原理　　　　图 3-7　采用 LOM 制作的砂型铸造模

（6）材料利用率低，并且种类有限。完成加工后，需要手动清除无用的碎块，内部废料不宜去除，较为费时费工。

2. SLA 技术

1986 年，查尔斯·赫尔（Charles Hull）率先推出 SLA 技术，这是 3D 打印发展的一个里程碑。次年，他创立了世界上第一家生产 3D 打印设备的 3D Systems 公司。该公司于 1988 年生产出了世界上第一台 3D 打印机 SLA-250。

1）技术原理

SLA 技术是基于液态光敏树脂（如环氧树脂、乙酸树脂、丙烯树脂等）的光聚合原理工作的。这种液态材料在一定波长和强度的紫外光照射下能迅速发生光聚合反应，材料也就从液态转变成固态。

SLA 技术原理如图 3-8 所示。激光束（紫外光）对槽中的光敏树脂表面进行扫描，被激光束扫描到的树脂产生光聚合反应而固化，形成制件的一个薄层，从而完成一个层面轮廓的固化。扫描固化完一层后，激光未扫描过的地方仍然是液态树脂，然后升降台带动工作台下降一个层厚距离，涂覆机构（刮刀）在固化好的树脂表面敷上一层新的液态树脂，再次利用激光束进行新一层的扫描与固化，新固化层与前一层牢固地黏结在一起。如此重复，直到整个原型制造完成。加工完毕后，将制件从液态树脂中取出，对其进行最终硬化处理，然后再进行打光、喷漆、电镀等处理。

2）技术特点

用于液态材料成型的 SLA 技术具有如下特点。

（1）成型精度高。成型时，激光光斑直径最小可达 25 μm，光斑的定位精度和重复定位精度非常高，扫描路径与制件实际截面偏差很小，可确保制件的尺寸精度在 0.1 mm 以内，尺寸精度较高。由于系统分辨率较高，因此可以构建复杂结构的制件，成型细节的能力与其他 3D 打印技术相比更具优势。采用 SLA 技术制作的工艺品如图 3-9 示。

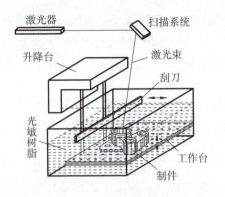

图 3-8　SLA 技术原理

图 3-9　采用 SLA 技术制作的工艺品

（2）表面质量优良。可以采用非常小的分层厚度，目前的最小分层厚度达 25 μm，因而成型制件的"台阶效应"非常小，成型制件的表面质量非常高。

（3）成型速度快。由于光聚合反应是基于光的作用而非热的作用，故只需要功率较低的激光源，热效应小，无须冷却系统。轻巧的扫描系统可以保证激光获得极大地扫描速率，最大可达 10 m/s 以上。

（4）成型过程自动化程度高。SLA 系统工作稳定，开始工作后，构建零部件的过程完全自动运行，直到整个过程结束。

（5）需要添加支撑。为了防止液态树脂中的固化层因漂浮而发生错位，必须设计对应的支撑来与原型一起固化。

（6）后处理较复杂。由树脂制成的原型强度、刚度及耐热性有限，不能在成型完成后立刻使用，需要用额外的辅助设备进行固化处理。

（7）成型成本高。由于 SLA 设备中的激光器及扫描系统等组件价格昂贵、光敏树脂材料价格高，以及后处理设备的使用，因此与 LOM、FDM 技术相比，SLA 技术的成本要高得多。

（8）制件易变形。成型过程中由于材料发生相变，不可避免地会使聚合物产生收缩，产生内应力，引起制件的变形。成型的制件随着时间推移，树脂会吸收空气中的水分，导致软薄部分的弯曲和卷翘。

（9）原材料的损耗基本为零，利用率将近 100%。但可用的材料种类有限，必须是光敏树脂。光敏树脂有一定的毒性，对环境有污染。

3. SLS 技术

1986 年，在美国得克萨斯大学就读的研究生戴克（C. Deckard）提出了 SLS 技术。后来，他组建了 DTM 公司，并根据 SLS 技术原理，于 1992 年开发出了第一台商用 SLS 设备——Sinterstation 2000。

1）SLS 技术原理

SLS 技术采用逐层铺粉、逐层烧结的方式，用高强度 CO_2 激光来烧结或熔融粉末。SLS 技术原理如图 3-10 所示。成型时，先将粉末预热到稍低于其熔点的温度，在铺粉辊的作用下将粉末铺平（且必须将温度严格控制在所要求的范围内），再按照计算机输出的原型分层轮廓，使激光束在指定路径上扫描并有选择性地熔融工作台上很薄且均匀铺层的材料粉末，加工出对应的薄层截面。未烧结区内的固体粉末材料作为自然支撑。每加工完一个截面，工作台下移一个层高，再铺新的一层粉末，激光束再次有选择地扫描烧结，烧结后不仅能够得到新的一层，而且新层还会与前一层牢牢地黏结在一起。如此反复，逐层堆积。为避免氧化，烧结过程需要在惰性气体(氮气)中进行。完成全部烧结后，去除多余的粉末，再进行打磨、烘干等处理，即可获得原型。

需要说明的是，所谓"有选择性"的烧结，是指成型过程中粉体材料发生部分熔化，粉体颗粒保留其固相核心，并通过后续的固相颗粒重排、液相凝固黏结使粉体烧结成一体。

2)技术特点

SLS 技术有以下特点。

(1)成型材料多样，价格低廉。这是 SLS 技术最显著的特点。理论上任何受热黏结的粉末都可用作成型材料。目前已商业化的材料有塑料、陶瓷、尼龙、石蜡、金属粉及它们的复合粉。

(2)材料利用率高。未烧结的粉末可以继续使用，浪费极小。

(3)可以成型几乎任意几何形状结构的零部件。由于下层粉末自然成为上层粉末的支撑，因此具有自支撑性，可以制造任意复杂的形体，尤其是形状复杂、壁薄、内部带有空腔结构的零部件，如图 3-11 所示。SLS 技术对于含有悬臂结构、中空结构和槽中套槽结构的零部件制造特别有效，而且成本较低。

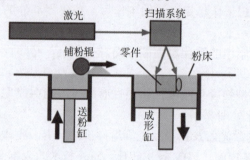

图 3-10　SLS 技术原理

图 3-11　采用 SLS 技术制作的零部件

(4)可快速获得金属零部件。易熔消失模料可代替蜡模直接用于精密铸造，不必制作模具和翻模，因而可通过精铸快速获得结构铸件。

(5)采用半固态液相烧结机制，粉体未发生完全熔化，虽可在一定程度上降低成型材料积聚的热应力，但成型件中含有未熔固相颗粒，直接导制件内部疏松多孔，致密度低、拉伸强度差、表面粗糙度较大、机械性能不高等工艺缺陷，可制造零部件最大尺寸受到限制。

(6)设备成本高昂，成型过程消耗能量大。为了防止粉材氧化，一般需要在密闭的惰性气体保护空间进行加工。

4. FDM 技术

FDM 技术由美国学者斯科特·克伦普于 1988 年提出。1992 年，诞生了第一台商用 FDM 设备——3D-Modeler。

1)技术原理

采用 FDM 技术加工的材料一般是热塑性材料，如塑料、蜡、尼龙和橡胶等，以丝状(直径一般在 1.2 mm 以上)供料。FDM 技术原理如图 3-12 所示。材料由供丝机构不断送向喷嘴，并在加热块中加热熔化后从喷头内挤压而出。喷嘴(热融喷头)在计算机控制下按零部

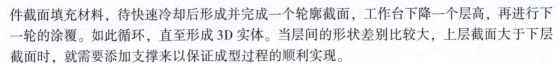

件截面填充材料,待快速冷却后形成并完成一个轮廓截面,工作台下降一个层高,再进行下一轮的涂覆。如此循环,直至形成3D实体。当层间的形状差别比较大,上层截面大于下层截面时,就需要添加支撑来以保证成型过程的顺利实现。

2)技术特点

与其他3D打印方式相比,FDM技术具有如下特点。

(1)设备简单,材料广泛,成本低廉。FDM技术采用了热融挤压头的专利技术(似于挤牙膏的方式),使设备构造简单、体积小,操作及维护方便,使用成本低;材料范围宽,一般的热塑性材料都可用于熔融挤出堆积成型,并且无毒、价格便宜;操作环境干净,安全,可在桌面办公环境中使用。

(2)成型件具有良好的综合性能。用丙烯腈-丁二烯-苯乙烯共聚物(Acrylouitrile Butadiene Styrene,ABS)材料成型的零部件强度可达到普通工艺制造的零部件强度的80%,具有良好的黏结性和耐久性。近年来,又开发出聚丙烯短纤维(Ploypropylene Short Fiber,PPSF)等更高强度的成型材料,使得该技术可以直接制造功能性零部件和具有中等复杂程度的零部件,如图3-13所示。与LOM、SLA等技术相比,采用FDM技术制作的零部件在尺寸稳定性以及对湿度等环境的适应能力方面更具优势。

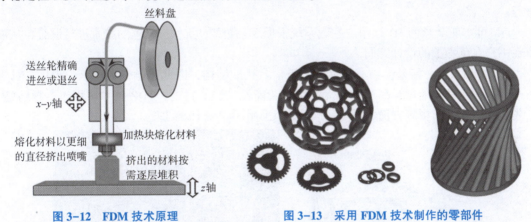

图3-12　FDM技术原理　　　　　图3-13　采用FDM技术制作的零部件

(3)后处理容易。采用FDM技术时,需要添加支撑。双喷头结构可以使模型材料与支撑材料异类异种,便于剥离支撑。随着可溶解性支撑材料的引入,使去除支撑结构的难度大大降低。

(4)精度较低。成型件的表面有较明显的条纹,不适合构建大型零部件。

5. 3DP技术

1993年,美国麻省理工学院的萨奇(Emanuel. M. Sachs)和哈格蒂(John S. Haggerty)等申请了3DP技术专利,这也成为日后该领域的核心专利之一。此后,这两位研究人员又多次对该技术进行修改和完善,形成了今天的3DP技术,这也是世界上最早的全彩色3D打印。

1)技术原理

3DP与SLS技术有很多相似之处,它们都是将粉末材料选择性地黏结成为一个整体。二者最大的不同在于,3DP技术无须将粉末材料熔融,而是通过喷嘴喷出的黏结剂使其黏结在一起。3DP技术原理如图3-14所示。首先在成型缸底板上铺一层有一定厚度的粉末,接着微滴喷射装置在铺好的粉末表面按照零部件截面形状要求喷射黏结剂,完成对粉末的黏结。

然后，成型缸下降一个层厚，供粉缸上升一段高度，推出若干粉末，由铺粉辊推到成型缸铺平并压实。铺粉时，多余的粉末推入收粉槽。微滴喷射装置继续在计算机控制下，按该层截面的成型数据有选择地喷射黏结剂，实现黏结。未被黏结的粉末在成型过程中起支撑作用。如此周而复始地送粉、铺粉和喷射黏结剂，最终完成一个 3D 粉体的黏结。打印完成后，清理掉未黏结的粉末就可得到原型。将原型用透明胶水浸泡，或者需要时进行类似烧结的后处理工作，原型就具有了一定的强度。

2）技术特点

3DP 技术具有如下特点。

（1）成型速度快。3DP 技术采用黏结剂将固体粉末黏结在已成型的层片之上，可以采用多喷嘴阵列，从而能够大大提高成型效率。并可实现大型件的打印（目前最大可打印宽度为 4 m）。

（2）制造成本低。粉末通过黏结剂结合，不需要昂贵的激光器，也不需要保护气体和密闭空间，且设备结构简单，因此相对成本低。打印过程不需要支撑材料，不但免除了去除支撑的过程，还降低了使用成本。

（3）材料范围广泛。理论上讲，任何可以制作成粉末状的材料都可以用 3DP 技术成型，材料选择范围很广。目前用于 3DP 技术的材料有塑料、陶瓷、石膏、砂、陶瓷和金属粉材等。

（4）可实现全彩色 3D 打印。控制系统根据 3D 模型的颜色将彩色的胶水进行混合，从而体现用户在色彩上的设计意图。

（5）产品力学性能差。由于成品具有疏松多孔的结构，因此力学性能较差，强度、韧性相对较低，通常只能做样品展示，无法用于功能性试验。目前，3DP 技术多用于砂模铸造、工艺品、动漫、影视等方面。图 3-15 所示为采用 3DP 打印的恐龙。

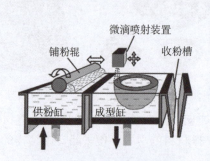

图 3-14　3DP 技术原理

图 3-15　采用 3DP 打印的恐龙

3.1.3　3D 打印的瓶颈

目前，3D 打印正处于研究发展和市场开发相结合的阶段，而技术的突破应该是在发挥技术优势的同时打破技术发展瓶颈，不断谋求领域新技术、新工艺和新材料的创新。

随着上述 3D 打印技术的不断成熟，3D 打印面临的瓶颈也日益凸显。叠加成型机理的特点导致 3D 打印发展受到以下几方面的制约。

1. 成型零部件的精度不高

LOM、SLA、SLS、FDM 及 3DP 等 3D 打印技术的精度范围为 0.1~100 mm，表面粗糙度范围为 5~20 μm，可重复性也相对较低。精度及表面质量不如传统制造方法，不适合直接

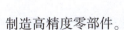

制造高精度零部件。

2. 零部件的力学性能有限

分层叠加层间结合得再紧密，也避免不了成型件力学性能的各向异性，很难与传统铸锻件相媲美。大多数成型件不能满足工程直接使用要求，后期仍需经过人工处理。

3. 适用材料范围有限

成型使用材料主要包括工程塑料、光敏树脂、橡胶类材料等。从20世纪90年代中期开始，SLS技术开始用于成型金属及合金构件，但物理性能不佳。材料种类和材料应用环境的限制对3D打印的发展和应用形成掣肘。

4. 成本较高

3D打印设备和耗材普遍较为昂贵，与传统制造方法相比成本偏高，从而使3D打印不具备规模生产的优势，仅适用于新产品开发、快速单件及小批量生产。

▶▶ 3.1.4　3D打印的发展趋势

3D打印作为一种颠覆性的制造技术，正不断发展和演进。以下是3D打印的一些发展趋势。

（1）材料多样化。随着3D打印的进步，3D打印材料的种类正在不断增加，除了传统的塑料、金属和陶瓷材料外，还有生物可降解材料、纳米复合材料等新型材料。这使3D打印能够涉足更广泛的应用领域。

（2）多材料组合。通过使用多喷嘴或多个打印头，实现在同一零部件上使用不同材料的能力正在得到改善。这种多材料组合的能力可以用于创建具有不同性质和功能的复杂零部件，拓宽了3D打印的应用范围。

（3）大型打印。随着3D打印的改进，越来越多的大型3D打印设备被开发出来，从而能够打印出更大尺寸的物体，包括建筑构件、汽车部件等。大型打印设备的出现推动了3D打印在各个行业的应用。

（4）高精度与高速打印。3D打印在精度和速度方面也在不断进步。通过改进打印机的工作原理、控制系统和传感器技术，实现更高精度和更快的打印速度，使得3D打印能够应用于更多领域，如医疗、航空航天等。

（5）软件和算法优化。软件和算法的发展对3D打印过程起着至关重要的作用。不断改进的切片软件和建模软件提供了更好的几何形状处理和优化功能，帮助用户更好地准备和设计打印对象。此外，自动化的支撑结构、路径规划和优化算法也提高了3D打印的效率和质量。

（6）与传统制造方法融合。越来越多的企业开始将3D打印与传统制造方法相结合，形成混合制造的模式。通过整合3D打印和传统的加工、注塑、铸造等制造方法，可以实现更高效、灵活和经济的生产流程。

（7）分布式制造和定制化生产。3D打印为分布式制造和个性化定制生产提供了机会。通过将3D打印设备部署在各个地点，可以实现按需制造，并减少物流成本和库存风险。这为小型企业、个人创作者和消费者提供了更多的机会。

未来，3D 打印的发展将体现出精密化、智能化、通用化以及便捷化等趋势。这需要依托多个学科领域的尖端技术，至少包括以下几方面。

（1）CAD/CAM。目前，虽然先进的 CAD 软件及数字化工具能够帮助设计人员完成复杂零部件的 3D 数字建模，但 3D 打印 CAM 软件仍具有技术初期的典型特点。各公司的软件都是自行开发、自成体系，大多随设备安装且强烈依赖设备，只能完成一种工艺的数据处理和成型控制，严重阻碍了该技术的二次开发、推广应用和不同工艺的集成。因此，研发新一代 CAM 软件直接对 3D 实体 CAD 模型进行分层，而不是对 STL 模型进行分层，可以消除近似处理产生的误差。例如，由美国 Alamos 国家实验室与 SyntheMet 公司合作研发的直接光学制造（Directed Light Fabrication，DLF）技术，直接由 CAD 模型分层获得数控加工路径格式的文件，避免了生成庞大的 STL 文件时所产生的数据冗余和错误，提高了零部件成型的效率和精度。另外，实现 CAD/CAM 集成化使设计软件和生产控制软件能够无缝对接，这已成为 3D 打印提高成型速度、精度及零部件表面质量的一个重要发展方向。此外，为了满足日益增长的多材料零部件制造需求，还要加强多材料建模技术的研究，使零部件模型能同时反映零部件的几何信息、材料信息及色彩信息，以实现零部件的多材质、多功能、一体化制造。

（2）精密机械技术。随着时代发展与工业界的需求变化，工程师们致力于研发精度高、可靠性强、效率高且成本低廉的成型设备，以解决制造系统成本高、精度低、制品物理性能较差、材料选择有限等问题。同时，开发人员同样追求设备的小型化和桌面化，使操作更加简便，以适应分布式生产和家庭日常应用的需求。此外，为了进一步推广 3D 打印，研究人员还开拓了并行打印、连续打印和多材料打印的方法，以提高成品的表面质量、力学性能和物理性能，从而实现直接面向产品的制造。

例如，2015 年 3 月，美国 Carbon3D 公司提出了连续液面生长技术（Continuous Liquid Interface Production，CLIP）。该技术不是基于分层叠加，而是采用连续法制造，其技术原理如图 3-16 所示。CLIP 储液槽从底部有一个能通过紫外线和氧的窗口。紫外线使树脂聚合固化，而氧气起阻聚作用，这两个矛盾效应使得靠近窗口部分的树脂聚合缓慢，仍呈液态，因此这一区域称为"死区"。死区上方的树脂在紫外线作用下连续固化，工作台连续抬升，直到打印完成为止，其间没有停顿过程。

CLIP 技术打破了 3D 打印精度和速度不可兼得的困境，在提高精度的同时，速度比 SLA 技术快 25~100 倍。连续的成型过程令成型速度和精度不再受片数量的影响，并且避免了分层叠加而导致制件力学性能的各向异性。

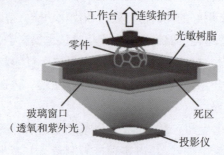

图 3-16 CLIP 技术原理

(3)材料科学技术。3D打印的核心是材料。材料是3D打印的物质基础。3D打印过程涉及材料的快速熔化和凝固等物态变化，对材料的要求很高，既要有合格的物理、化学性质，又要有合适的形态(液态、粉末或丝材等)，从而使材料成本居高不下。目前基础的成型材料主要包括工程塑料、光敏树脂、橡胶、陶瓷和金属材料等。除此之外，彩色石膏材料、人造骨粉、细胞生物原料及砂糖等食品材料也在相关领域得到了应用。但这些材料在制造精度、复杂性、强度等方面与工业应用要求还有差距。

可以说，材料种类及性能的限制对3D打印的应用趋势及发展方向形成掣肘。未来，3D打印想要向着高性价比、重大工程应用的方向发展，应使材料满足发展的需要。材料研发内容涉及材料的相关基础理论、成型机理及制备技术等。通过研究材料学基础理论、成型机理，可以对现有基础材料实现改性，大幅提高材料的使用性能、工艺性能。例如，在有机高分子材料方面，研发高强度工程塑料、光敏树脂等；在金属材料方面，研发产业上需求量较高的高性能钛合金、高强度钢、钴基及镍基高温合金、不锈钢和铝合金等材料。此外，还要加快开展高性能材料的研究，需要研发新材料，开辟材料新领域。例如，智能材料、功能梯度材料、非均质材料及复合材料等，已成为当前3D打印材料研究的热点。除了材料本身，材料制备技术也一直是研究的重点。尤其是金属粉材，要求粉末粒径细、球形度高、含氧量低、松装密度高，并且无空心粉、夹杂少，因此制备难度大、成本高。只有突破超洁净高性能金属基材料的制备技术，使粉材品质优异、制造成本低，3D打印才能有跨越式发展。

(4)能源技术。目前成型设备采用的成型能源主要是激光、电子束和电弧等。激光器的价格和维护费用高，大功率激光器依赖进口，导致其成型成本也相应提高。电子束3D打印需处于密闭的真空环境，成型件尺寸规格受价格昂贵的真空室体积限制，设备投资和运行成本较高。电弧3D打印的零部件表面波动较大，成型件表面质量较低。因此，开发成型精度高、设备维护简单、费用低的新能源是今后研发的主要方向之一。

例如，美国Solidica公司于2001年发布了第一代超声波3D打印机，意味着超声波正式加入成型能源家族。2011年，Fabrisonic公司进一步开发该技术，将改进的超声波增材制造(Ultrasonic Additive Manufacturing，UAM)技术商业化。UAM基于超声波焊接传统加工技术，采用大功率超声能量，以金属箔材为原材料，利用金属层与层振动摩擦产生的热量，促进界面间金属原子相互扩散，并形成界面固态物理冶金结合，从而实现金属带材逐层叠加的增材制造成型。UAM技术原理如图3-17所示。

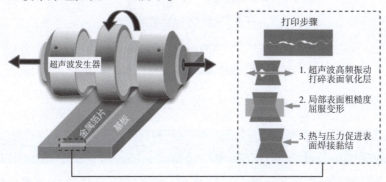

图3-17　UAM技术原理

在连续的超声波振动压力下，两层金属箔片之间会产生高频率的摩擦，而在摩擦过程中，金属表面覆盖的氧化物和污染物被剥离，露出纯金属。由于摩擦生热导致金属箔片之间凸起部分温度升高，在静压力作用下发生塑性变形，同时处于超声能场的金属原子发生扩散形成界面结合。在这个过程中，两片金属箔片的分子会相互渗透融合，进一步提高焊接面的强度，而后周而复始，层层叠加，最终成型。与激光、电子束和电弧等成型能源相比，以超声波为成型能源的 UAM 技术具有工艺简单、精度高、速度快（100 mm³/s）、价格低廉、成型时温度低、变形小、绿色环保等优点。此外，原材料采用一定厚度的普通商用金属带材，来源广泛。

（5）复合制造技术。3D 打印发展方向之一是与传统制造相结合，使增材制造和减材制造优势互补、共同拓展。例如，UAM 技术与数控加工技术复合，可以在增材制造每一层的同时，进行数控减材加工。这样一方面可以获得其他 3D 打印技术无法相比的优势，如更高的精度、更好的表面质量，并且实现速度和精度兼得；另一方面，UAM 技术制造出的深槽、中空、栅格或蜂窝状的内部结构，以及其他复杂的几何形状，也是传统减材制造工艺无法完成的。

复合制造技术另一个典型的案例是华中科技大学研发的微铸锻铣增材制造技术。该技术将微铸、微锻、微铣同步复合，实现高温合金、钛合金、超高强度钢、奥贝钢、碳钢、铝合金等金属材料零部件的绿色、低能耗、短流程制造，其原理如图 3-18 所示。该技术采用了电弧熔积增材制造，以金属丝材为原料，电弧以 30~40 kg/h 的熔积速度完成零部件的近净成形。紧随微铸之后，几乎同时由机械手对半凝固/刚凝固的熔积层连续微锻压，使其晶粒细化，得到传统锻造很难得到的均匀等轴细晶，并改善成型性及成型件形貌。在微铸、微锻的同时，集成铣削加工，实现降维制造，方便地加工出形状复杂的零部件。整个过程中，微铸和微铣完成零部件的创形，微锻完成零部件的创性，铸锻铣复合实现创形和创性的并行制造，形性共控。并行制造不但实现了高性能零部件的形状尺寸与组织性能一体化创造，也使增材、等材和减材互通互补，简化工艺，大大缩短了研制周期。

总之，3D 打印正处于不断发展和创新的阶段。随着材料多样化、多材料组合、大型打印、高精度高速打印、软件算法优化等趋势的发展，3D 打印将在各个领域得到更广泛的应用，并对制造业产生深远的影响。

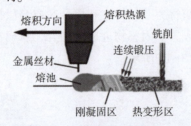

图 3-18 微铸锻铣增材制造技术原理

3.2 FDM 模型制作

本节主要介绍成本最低、普及最广的 FDM 模型制作。下面是对 FDM 模型制作步骤的详细介绍。

（1）设计模型。使用 CAD 软件创建或下载所需的 3D 模型文件。确保模型文件是以 . stl 扩展名保存的。

（2）准备打印机。将打印机连接到计算机或通过存储设备加载模型文件。根据所使用的打印机型号和材料类型，设置适当的打印参数，如温度、层厚和填充密度等，检查并确保打印机的构建平台清洁。

（3）添加支撑结构。在某些情况下，需要添加支撑结构来支持打印过程中悬空的部分或过重的部分。这些支撑结构可以在切片软件中自动生成，也可以手动添加。

（4）切片和导出文件。使用切片软件加载模型文件，并根据所需的打印参数将其转换为适合打印的指令。切片软件将模型分割成一系列水平层次，并生成每一层的路径和运动路线。

（5）打印预览和调整。在实际打印之前，切片软件通常提供打印预览功能，可以预览模型的打印路径和支撑结构。根据需要进行调整，如增加或减少填充密度、优化支撑结构等。

（6）开始打印。将所得的切片文件传输到打印机，并确保材料已正确加载。启动打印过程后，打印头会在构建平台上按照预定路径移动，并将熔融的塑料材料挤出来，逐层堆叠形成物体。

（7）等待和监控。打印过程需要持续一段时间，具体取决于所打印模型的大小和复杂程度。在打印过程中，要监控打印机的运行情况，确保没有停滞或出现其他问题。

（8）后处理。在打印完成后，将打印好的模型从打印机中取出。如果模型上有支撑结构，应该用合适的工具小心地去除它们。此外，还可以对模型进行打磨、喷漆或其他表面处理以改善外观。

FDM 是相对简单和常见的 3D 打印技术，它适用于许多领域，包括原型制作、个人项目及教育项目等。通过了解和熟悉打印机的操作和切片软件的使用，人们可以使用 FDM 技术制作出各种形状和尺寸的物体。

▶▶ 3.2.1 CAD 模型设计

CAD 模型（见图 3-19）可以通过常用的 CAD 软件（如 Creo、SolidWorks、UG 等）直接构建，或采用逆向工程对产品实体进行 3D 扫描，得到点数据，然后利用反求工程的方法来构造。

注意：设计模型时，细节部分的最小尺寸一旦小于分层厚度（采用 FDM 技术时，分层厚度一般为 0.15~0.4 mm），成型时细节尺寸会因无法分辨而丢失。

图 3-19 CAD 模型

CAD 模型转换为 STL 文件的方法为：选择"文件"→"保存副本"→"模型名称"选项→选择文件类型为"STL"（＊. stl）。

STL 文件的误差控制参数有 3 个：弦高、角度控制和步长大小（Step Size）。

注意：Creo 导出 STL 文件的默认值是不设置步长的，如图 3-20 所示。

（1）弦高。弦高为近似三角形的轮廓边与曲面的径向距离，如图 3-21 所示，表示三角面片逼近曲面的绝对误差。弦高的改变只影响曲面体的精度。

图 3-20　Creo 导出 STL 文件的设置

弦高

图 3-21　曲面的三角形面片逼近

（2）角度控制。角度控制值是三角形平面与其逼近的曲面切平面的夹角余弦值（设置范围为 0~1），用于控制曲面的光滑度。该值越大，逼近的曲面更圆润、细致，逼近效果更好。

三角形面片数直接反映 STL 模型的精度，三角形面片数越多，模型精度越高。当模型精度过低时，STL 文件就会在表达实体模型方面出现失真的情况；当模型精度过高时，计算机则会因 STL 文件尺寸过大而运行缓慢，甚至难以运行。STL 曲面模型的精度和数据量相互矛盾这一问题至今还没有得到很好的解决，实训模型建议将面片数设置为 20 000 左右。

3.2.2　FDM 材料类型及选择

1. FDM 材料类型

常见的 FDM 材料类型及特点如下。

（1）聚乳酸（Poly lactic Acid，PLA）。PLA 是最常用的 FDM 材料之一，它是由植物淀粉经发酵制得的生物可降解聚合物。PLA 材料具有低溶解度、易于打印、低热收缩性和较高的表面质量等优点，适用于制作装饰品、模型、原型等需要优美外观和较低机械性能的物体。

（2）聚醚醚酮（Polyetheretherketone，PEEK）。PEEK 是一种高性能工程塑料，具有优异的耐高温性、化学稳定性和机械强度，广泛应用于航空航天、医疗设备等领域。然而，PEEK 的打印需要高温打印机和专门的设备，成本较高，因此仅适用于一些特定应用。

（3）聚碳酸酯（Polycarbonate，PC）。PC 是一种具有良好力学性能、高耐热性、优异的抗冲击和透光性的工程塑料，非常适合制作耐用、透明、保护性的零部件。PC 材料还具有优秀的耐化学腐蚀性能，适用于一些特殊环境。

（4）聚苯乙烯（Polystyrene，PS）。PS 是一种低成本的塑料材料，常用于快速原型制作和教育领域。它具有较低的强度和耐热性，适用于制作一些基本结构和形状简单的零部件。

（5）聚酰胺（Nylon）。聚酰胺又称尼龙，是一种高性能合成聚合物，具有良好的力学性能、耐磨性和耐腐蚀性，常用于制造高强度和高耐磨性的零部件，如机械部件和工具。

2. FDM 材料选择

在选择适合的 FDM 材料时，需要考虑以下因素。

（1）功能和性能需求。应根据所打印对象的用途和要求，选择具有适当力学性能、耐热性能、耐化学腐蚀性能的材料。

（2）成本和可用性。不同材料的价格和获取的难易程度有所不同。应根据预算和可用性，选择合适的材料。

（3）打印参数和硬件要求。不同材料需要不同的打印温度、喷嘴直径，对打印机的硬件要求也不同，应确保所采用的打印机支持所选材料。

（4）表面质量和外观要求。对于需要优美外观和平滑表面的物体，应选择与此需求相匹配的材料。

（5）环境友好性。应考虑使用生物降解材料或可回收材料。

总的来说，FDM 材料的选择取决于具体的应用需求、成本、打印参数和硬件要求等因素。

3.2.3　FDM 设备组成及操作步骤

FDM 设备是用于实现 3D 打印的设备，下面是 FDM 设备的组成和操作步骤的详细介绍。

1. 组成

（1）热床。FDM 设备通常配备有一个加热床。热床的主要功能是保持构建平台温度稳定，以确保打印出的模型能够均匀附着在平台上，并减少热收缩引起的失真。热床温度可以根据所使用的材料类型进行调整。

（2）喷嘴和挤出机。FDM 设备使用一个喷嘴将熔融的塑料材料挤出，逐层堆叠形成物体。挤出机负责将固态的塑料颗粒或线材加热和熔化，然后将其推进喷嘴中。

（3）运动系统。FDM 设备配备了一个运动系统，用于控制喷嘴在 3 个坐标轴上的移动。这样，喷嘴可以按照预定的路径在构建平台上移动，逐层堆叠材料，从而建立所需的模型。

（4）控制板和软件。FDM 设备通过控制板和相应的软件来控制和协调机器的运作。通过软件，用户可以加载 3D 模型文件、设置打印参数（如温度、层厚、填充密度等）并监控打印过程。

2. 操作步骤

（1）准备工作。将打印材料加载到挤出机中，并将构建平台定位在适当的位置。确保热床表面干净，并根据所选材料类型设置适当的温度。

（2）模型设计和准备。使用 CAD 软件创建或下载所需的 3D 模型文件，并使用切片软件将其转换为可供打印的指令文件。在切片软件中设置适当的打印参数，如层厚、填充密度、支撑结构等。

（3）加载和校准。将生成的打印指令文件传输到 FDM 设备的控制板，然后启动打印。根据需要，进行喷嘴高度和底板平整度的校准。

（4）监控和维护。在打印过程中，监控设备的运行情况，确保没有堵塞、断料或其他问题。如果需要，及时更换打印材料。

（5）后处理。一旦打印完成，将构建平台从设备中取出，然后小心地将打印好的模型从平台上取下。如果有支撑结构，可以使用适当的工具将其去除，并根据需要进行表面处理（如打磨、喷漆等）。

注意：具体操作步骤可能会因 FDM 设备和软件的不同而有所差异，在操作设备之前，建议仔细阅读设备的用户手册，并按照制造商提供的指导进行操作。

3.2.4 FDM 设备基本功能

本小节以 UP Plus 2 便携式桌面 3D 打印机为例进行介绍，其外观和组成如图 3-22 所示。工作台完成 X 轴方向扫描和 Z 轴方向升降，喷头组件由送丝机构和加热系统构成，完成 y 轴方向扫描，x、y 和 z 轴由丝杠螺母副传动。

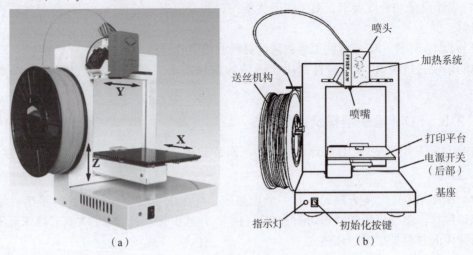

（a） （b）

图 3-22 UP Plus 2 的外观和组成
(a)外观；(b)组成

虽然各公司的 CAM 软件都是自行开发、自成体系的，没有规范的软件模块划分标准，但各软件的基本功能都是一致的。以 UP Plus 2 所用的软件 UP-Studio 为例，其界面如图 3-23 所示。左侧为功能菜单栏，可进行文件导入、打印设置、设备初始化、设备调试及设备维护等操作；右侧为编辑工具区，可对模型进行编辑。

图 3-23 UP-Studio 软件界面

编辑工具区分为 3 个区域：编辑功能主菜单区、子菜单区和数据区。图 3-24 中给出了主菜单区中 10 个编辑按钮，其中单击"镜像""切平面""显示模式""视图""模型旋转""模型移动""模型缩放""更多功能"8 个编辑按钮后，会在图 3-24 中心圆形区域出现对应的子菜单区。此外，单击"模型旋转""模型移动""模型缩放"3 个编辑按钮，除了中心部分的子菜单区，还会在主菜单外围环形区域出现快捷选项，图 3-24 中未标出该选项，在后续介绍对应功能的相关图中都可以看到。各编辑按钮子菜单如表 3-2 所示。

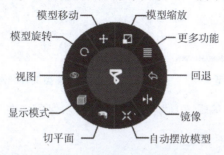

图 3-24　编辑按钮主菜单区

表 3-2　UP-Studio 编辑按钮子菜单

编辑按钮		子菜单作用
	更多功能	可选择保存模型、修复、支撑编辑、重置
	模型缩放	x、y、z 轴方向缩放，数值框输入缩放倍数，或选择数据区设定的 6 个数值
	模型移动	x、y、z 轴方向移动，数值框输入移动距离，或选择数据区设定的 6 个距离
	模型旋转	绕 x、y、z 轴转动，数值框输入转动角度，或选择数据区设定的 6 个角度值
	视图	可选择左视图、前视图、右视图、后视图、底视图、顶视图和自由视图
	显示模式	可选择实体和线框显示、透视显示、实体显示、线框显示
	切平面	选择 x、y 或 z 轴，数值框输入切平面位置距离，显示该处切平面
	镜像	x、y、z 轴方向镜像

借助功能菜单和编辑工具，UP-Studio 可以完成如下基本功能。

1. STL 模型载入、卸载及保存

载入 STL 模型时，可单击程序页面左侧的"模型载入"按钮 ╋ → 🔲，选择文件夹中要打印的模型，如图 3-25 所示。载入模型后单击该模型，模型的详细数据会悬浮显示出来，如面片数、顶点数和体积等，如图 3-26 所示。

卸载模型时，可以右击该模型，出现一个下拉菜单，如图 3-27 所示，选择"删除"或者"全部删除"命令。

文件路径：	C:\Users\Administrator\Desktop\c up.stl
模型尺寸：	70.000 X 100.000 X 70.000
最小位置：	(-105.000，20.000，0.000)
最大位置：	(-35.000，120.000，70.000)
体积：	52.760 cm3
面片数目：	9576

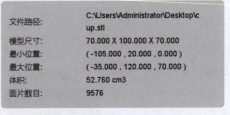

图 3-25　载入 STL 模型　　　　图 3-26　模型的详细数据　　　　图 3-27　删除模型

保存模型时，可以单击编辑工具"更多选项"▤→"保存文件"按钮🖼。

2. 3D 模型的显示

UP-Studio 设有 7 个预设的标准视图，存储于编辑工具的视图选项中。单击编辑工具栏上的"视图"按钮◎，其子菜单区即出现 7 种标准视图选项，如图 3-28 所示，各选项对应的视图含义见表 3-2。通过这些视图，可方便地观看 STL 模型的任何细节，甚至包括实体内部的孔、洞、流道等。

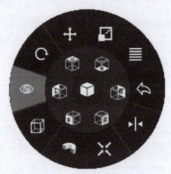

图 3-28　"视图"子菜单区

利用鼠标和键盘的操作，可以简单、快捷地旋转、移动和缩放视图，方法如下。

（1）旋转视图。按住鼠标中键移动鼠标，视图会旋转，可以从不同的角度观察模型。

（2）移动视图。同时按住〈Ctrl〉键和鼠标中键移动鼠标，可以将视图平移。也可以用箭头键平移视图。

（3）缩放视图。滚动鼠标中键，视图就会随之放大或缩小。

3. 校验和修复

在 3D 显示窗口，STL 模型会自动以不同的颜色显示。模型的默认颜色通常是粉色，当出现法向错误时，该面片会以红色显示。由于法向错误涉及支撑和表面成型，因此需要进行自动修复。UP-Studio 具有修复模型坏表面的功能。选择模型的错误表面，单击编辑工具"更多选项"▤→"修复"按钮◎，即可自动对 STL 模型进行修复，用户无须操作，也不用回到 CAD 系统重新输出，从而节约时间，提高工作效率。

4. 模型编辑

运用编辑按钮（见图 3-24）可实现模型缩放、旋转、平移及自动摆放等操作。

（1）模型缩放的操作步骤如下。

①单击"模型缩放"按钮，进入图3-29所示"模型缩放"子菜单区。

②选择缩放倍数。数据区设置了0.5~10之间6个缩放倍数（数值大于1为放大，小于1为缩小），供直接选择，也可在参数框内输入合适的缩放倍数。

③再次单击"模型缩放"按钮。若要沿着某个轴方向缩放，则单击子菜单区中该方向轴即可。

（2）模型旋转的操作步骤如下。

①单击"模型旋转"按钮，进入图3-30所示"模型旋转"子菜单区。

②选择旋转轴，显示器即显示绕该轴旋转的绿色圆形路径。

③选择旋转角度。数据区设置了6个角度值（正数是逆时针旋转，负数时顺时针旋转）供直接点选；也可在参数框内输入合适的角度值，模型即绕该周旋转设定角度。在选择成型方向时，需要旋转模型。

（3）模型平移的操作步骤如下。

①单击"模型移动"按钮，进入图3-31"模型移动"子菜单区。

②输入平移距离数值。数据区设置了6个距离值供直接点选；也可在参数框内输入合适的距离值。

③选择要移动的方向轴。

图3-29 "模型缩放"子菜单区　　图3-30 "模型旋转"子菜单区　　图3-31 "模型平移"子菜单区

（4）模型自动摆放的操作步骤如下：单击"自动摆放"按钮，系统直接实现对打印模型的自动摆放，主要体现为打印位置居中摆放，底部靠近打印平面。此功能常用于在打印之前，将模型放置在打印平台的中央位置。此外，还可采用手动摆放，操作步骤如下：按住〈Ctrl〉键，同时用鼠标左键选择目标模型，移动鼠标，拖动模型到指定位置。

5. 打印参数设置

分层后的层片包括3个部分，分别为原型的轮廓部分、内部填充部分和支撑部分。轮廓部分根据模型层片的边界获得。内部填充部分是用单向扫描线填充原型内部非轮廓部分。根据相邻填充线是否有间距，可以分为标准填充（无间隙）和孔隙填充（有间隙）两种方式。标准填充应用于原型的表面。孔隙填充应用于原型内部，这样可以大大减少材料的用量，同时网格状结构可以减少制件变形。支撑部分是在原型外部，对其进行固定和支撑的辅助结构。

打印参数包括层片厚度、填充方式和支撑等。单击功能菜单中"打印设置"按钮，打开"打印设置"对话框，如图 3-32 所示，各参数介绍如下。

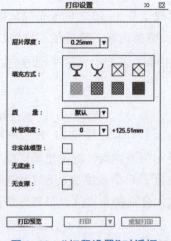

图 3-32 "打印设置"对话框

(1)层片厚度：在 0.1~ 0.35 mm 之间，设有 6 个选项。

(2)填充方式：UP-Studio 设置了 8 种填充方式，填充效果如下。

①壳。该模式有助于提升中空模型的打印效率。如果仅需打印模型作为概览，可选择该模式。模型在打印过程中将不会产生内部填充。

②表面。该模式仅打印单层外壁，且上下表面不封闭，有助于提高模型表面的打印质量。当需要对模型进行简要评估时，可选择此模式。

③6 种孔隙填充。UP-Studio 采用线性填充模式，即由单向排列填充的横平竖直非常规整的正方形孔网状结构，如图 3-33 所示。系统设定了 13%、 15%、 20%、 65%、 80% 和 99% 这 6 种不同的填充密度，表示填充材料体积与内部填充空间总体积的百分比。填充密度影响模型的强度、质量和打印时间，因此在设置填充密度时，应综合考虑材料的性能和模型的具体要求。填充密度高，使用的材料多，打印的时间长，但制件强度会提高。

图 3-33 孔隙填充

(3)质量：分为"默认""较好""较快"3 个选项。此选项同时也决定了打印机的成型速度。

(4)非实体模型：当模型存在不完全面时，为非完全实体，勾选此项。

(5)无基底：勾选此项，在打印模型前将不会产生基底。该模式虽然可以提升模型底部平面的打印质量，但不能进行自动水平校准；不勾选此项，可通过打印基底进行水平校正水平度。

(6)无支撑：勾选此项，打印模型时不添加支撑；不勾选此项，打印时将按照支撑编辑的参数添加支撑。

以上各参数设置完毕，可单击"打印预览"按钮，浏览模型(蓝色表示)和支撑(黄色表

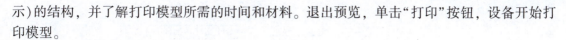

示)的结构,并了解打印模型所需的时间和材料。退出预览,单击"打印"按钮,设备开始打印模型。

6. 设备调试与维护

单击功能菜单中"设备调试"按钮,可进行打印平台的水平校正、喷头与平台间的距离校正等。单击功能菜单中"设备维护"按钮,可进行各种维护操作,如更换材料、喷嘴等。

3.2.5 FDM 成型件的质量分析及优化

以下是关于 FDM 成型件质量分析和优化的一些知识。

(1)表面质量。FDM 成型件的表面通常较粗糙,具有可见的层叠效应,这是逐层堆叠塑料材料的特性所致。为了改善表面质量,可以采取以下措施。

①减小层厚。减小层厚可以增加每个层之间的细节,并减少层叠效应的显著性。

②提高打印分辨率。增加打印机的精度和分辨率可以改善表面质量。

③打磨和抛光。使用手动或机械方法对成型件进行打磨和抛光,以获得更平滑的表面。

(2)尺寸精度。FDM 成型件的尺寸精度可能会受到多种因素的影响,包括材料收缩、温度变化等。为了提高尺寸精度,可以考虑以下措施。

①考虑材料收缩率。不同的材料具有不同的收缩率,可以在设计阶段考虑这一因素,并进行补偿。

②控制打印参数。调整打印参数,如温度、挤出速度等,以减少尺寸误差的影响。

③使用校正技术。某些 FDM 系统提供了校正技术,可以通过自动或手动校正来提高尺寸精度。

(3)强度和结构稳定性。由于 FDM 成型件是由逐层堆叠的塑料材料构建而成的,因此其强度可能相对较低。为了提高强度和结构稳定性,可以采取以下措施。

①调整填充密度。增加填充密度可以提高成型件的强度,但会增加打印时间和材料消耗。

②添加支撑结构。对于具有悬臂结构或悬空部分的成型件,添加支撑结构可以增加稳定性并减少变形风险。

③使用增强材料。某些 FDM 系统提供了增强材料选项,如纤维增强材料,可提高成型件的强度和刚度。

(4)设计优化。在设计阶段,可以考虑以下优化策略以提高 FDM 成型件的质量。

①最小支撑结构。设计时尽量减少需要支撑的部分,以降低后期处理工作和避免表面破坏。

②梳状填充。使用梳状填充模式可以提高成型件的强度,并减少材料消耗。

③圆角半径增加。在设计中增加圆角半径,可以减少应力集中并改善成型件的强度。

综上所述,FDM 成型件的质量分析和优化需要考虑多个因素,包括表面质量、尺寸精度、强度和结构稳定性以及设计优化。通过调整打印参数、选择适当的材料和采用合适的设计策略,可以提高成型件的质量。

对于 UP Plus 2 便携式桌面 3D 打印机,考察其打印成品,影响 FDM 成型件精度的主要因素如图 3-34 所示。

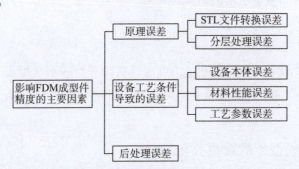

图 3-34　影响 FDM 成型件精度的主要因素（基于 UP Plus 2）

（1）原理误差（数据处理产生的误差）。

数据处理产生的误差主要有两个：一是 STL 文件转换误差；二是分层处理误差。

①STL 文件转换误差。如前所述，将 CAD 模型转化成 STL 文件时，是用小三角形面片去逼近原形设计，逼近的精度由原形到三角形边的弦高控制。无论基于 STL 的软件如何改进，都无法消除 CAD 模型转化成 STL 文件的误差。目前，由 3D 实体直接获取分层信息，或建立 CAD 系统与快速成型机之间高度兼容的标准数据接口文件，已成为提高模型离散精度的重要发展方向。

②分层处理误差。分层是 STL 模型与一系列平行平面求交的过程。一旦模型表面（或表面的切线方向）与成型方向（z 轴方向）的角度 θ 不为零，就一定会产生分层误差，使分层叠加而成的模型出现台阶效应。分层误差与 θ 角、分层厚度成正比。因此，选择合理的成型方向尽量减小 θ 值，或者适当减少分层厚度，从而降低分层误差。

（2）设备工艺条件所导致的误差。

设备工艺条件对成型精度的影响主要有设备本体误差、材料性能误差和工艺参数误差等。

①设备本体误差。加工设备自身都存在着一定的误差，主要体现在以下几方面。

a. 成型平台偏离水平方向。设备在长时间使用过程中，平台的水平调节螺钉可能会因为震动而松动，使平台偏离水平方向。这将影响模型底层成型的扫描和填充，而底层的成型质量是模型整体成型质量的保证。因此，加工前应检查成型平台是否水平，必要时需进行水平校正。

b. 坐标轴控制精度误差。成型设备的 x、y 和 z 轴均采用步进电动机驱动丝杆螺母副进行控制，若传动装置的维护或润滑不及时，将导致阻力增大，使一步进电动机负载增大而引起丢步，从而产生控制精度误差。x、y 轴方向控制精度影响模型的截面形状，z 轴方向控制精度影响层高，这些直接影响到成型件的精度。因此，平时注意设备的维护，减小传动装置运动时的摩擦阻力、减小步进电动机的负载，可以有效保证坐标轴控制精度。

c. 喷嘴高度误差。喷嘴高度是指成型平台在初始化位置时，喷嘴与成型平台之间的距离。该距离在设备安装调试时设定，以保证成型时喷嘴与平台处于 0.1 mm 的最佳间距。喷嘴高度一经设定，就被系统自动记录，一般情况下不需要再设置。但是，当设备受到震动，或者在对成型平台调整水平之后，会使喷嘴和平台在加工时的间距产生变化。若间距过小，打印第一层时，喷嘴无法出料，造成喷嘴堵塞，甚至刮伤蜂窝垫板；若间距过大，打印第一层时材料无法黏结在蜂窝垫板上，使模型产生移位或翘曲。因此，一旦出现这些情况，应立即重新校准喷嘴高度。

②材料性能误差。零部件成型过程中，材料要经历固态→熔融→固态两次相变过程。在这个过程中材料会发生收缩，收缩产生的内应力会使成型件变形，直接影响其尺寸精度，甚至导致层间剥离和翘曲。支撑材料收缩会使支撑产生变形而失去支撑作用。减少收缩应力最有效的措施是对成型件内部采用网状(或蜂窝)结构填充。网状结构在保证成型件强度的同时减少材料用量，有利于降低绝对收缩量，并且能够充分释放收缩应力、吸收变形。因此，在设置填充密度时，应综合考虑成型件强度、打印效率及材料的性能等方面的具体要求。

③工艺参数误差。工艺参数及其之间的相互作用都会影响成型件的精度，其中起主要作用的是喷嘴温度、环境温度、挤出速度等。

a. 喷嘴温度。喷嘴温度决定了材料的黏结性能、堆积性能及丝材流量。喷嘴温度偏低，则材料黏度加大，增加了挤出装置的负载，挤丝速度变慢，极端情况下还会造成喷嘴堵塞，并且还会使材料层间黏结强度降低，引起层剥离。喷嘴温度过高，材料偏向于液态，黏度变小，流动性强，挤出过快，无法形成可精确控制的丝，容易引起材料坍塌和破坏。对不同的材料，应根据其特性选择适宜喷嘴温度，使材料黏度保持在一个适用的范围内，挤出的丝呈黏弹性流体状态。

b. 环境温度。环境温度是指系统工作时平台周围环境的温度。环境温度会影响成型件的热应力大小，从而影响原型的表面质量。随着环境温度的增加，成型件翘曲，变形量近似按线性规律递减。但当环境温度增加到一定数值 t_{max} 后，由于挤出材料的固化时间过长，易造成型件表面起皱，影响表面质量。因此，t_{max} 有最佳温度值，需通过实验进行测定。

c. 挤出速度。挤出速度是指喷头内熔融态丝从喷嘴挤出的速度。填充速度是指扫描截面轮廓速度或打印网格的速度。为了保证连续平稳地出丝，需要将挤出速度和填充速度进行合理匹配，使得熔融态丝从喷嘴挤出时的体积等于黏结时的体积。填充速度比挤出速度快，则材料填充不足，出现断丝现象，难以成型；相反，填充速度比挤出速度慢，匹配后出丝太快，熔丝堆积在喷头上，使成型面材料分布不均匀，表面会有疙瘩，影响造形质量。因此，填充速度与挤出速度之间应在一个合理的范围内搭配。

（3）后处理误差。

模型剥离过程中，其表面质量或多或少会受到影响。尤其是支撑材料和模型结合紧密以致难以去除的时候，如果处理不当，可能对模型的尺寸和表面质量等造成破坏，产生后处理误差。

通常情况下，在选择模型的分层方向时，就要综合考虑它的支撑方式、成型时间、支撑材料使用量及剥离支撑的难易程度等。做到尽可能地合理，以保证模型质量。当模型制作完成后，为达到其所要求的表面质量要求，一般会在不影响模型尺寸和形位精度的前提下，进行打磨、缝隙修补等处理。

综上所述，成型软件、加工设备、参数设置及后期处理等都是影响模型精度的因素。若要有效提高模型成型质量，则必须综合考虑模型对强度、精度、耗时及后期处理等方面的要求，合理设置各项参数。各因素共同作用，方能得到高质量的成型效果。

3.3　SLA 模型制作

本节介绍与熔模铸造工艺结合最紧密的 SLA 技术，其与 FDM 技术有一些显著的区别。

1. 工作原理

SLA 技术：使用光敏树脂材料，并利用紫外线激光或光束逐层固化树脂，从而构建出物体。打印平台会在每一层固化后下降，使下一层可以被固化。

FDM 技术：使用熔融塑料材料，并通过挤出机将熔融的塑料以导管形式在打印床上逐层堆积，一层一层地构建出物体。

2. 材料选择

SLA 技术：使用光固化的光敏树脂作为打印材料。这种树脂通常具有较高的分辨率和表面质量，但强度可能较低。

FDM 技术：使用熔融的塑料材料。FDM 技术提供了更多种类的打印材料选择，并且可以使用增强材料，如纤维增强材料，以获得更高的强度和刚度。

3. 表面质量

SLA 技术：由于使用光固化树脂，因此通常可以实现较为平滑的表面质量，减少层叠效应。这使得 SLA 技术适用于需要高精度和细节的应用场景。

FDM 技术：打印的物体通常具有可见的层叠效应，表面相对粗糙。虽然可以通过后处理来改善表面质量，但相比 SLA 技术，FDM 技术制作的物体表面质量一般较低。

4. 成本和速度

SLA 技术：设备通常比较昂贵，而且树脂材料的成本也较高。同时，SLA 技术打印速度较慢，取决于每层固化的时间。

FDM 技术：设备相对便宜，并且塑料材料的成本也较低。与 SLA 技术相比，FDM 技术打印速度较快，取决于挤出机的速度和打印参数。

5. 应用领域

SLA 技术：由于其高精度和平滑表面，常用于制造模型、原型、珠宝、艺术品等需要细节和复杂形状的物体。

FDM 技术：由于其相对较低的成本和较高的打印速度，一般用于制造功能性零部件、原型、工具等。

实际应用中，需要根据具体的需求来选择 SLA 或 FDM 技术，并综合考虑打印质量、材料选择、成本和打印速度。

下面介绍使用 SLA 技术制作模型的一般步骤。

（1）模型设计。使用 CAD 软件创建或下载所需的 3D 模型文件。确保模型的尺寸、形状和几何特征符合要求。

（2）准备切片软件。将 CAD 文件导入到专门用于 SLA 打印的切片软件中。在切片软件中，可以设置打印参数，如层厚、曝光时间、支撑结构等。还可以预览模型的切片图像，以检查是否需要进行进一步的调整。

（3）切片模型。在切片软件中，将 3D 模型文件转换为可供 SLA 打印机使用的切片文件。这个过程将模型分解为多个水平层，并确定每个层的光固化模式和支撑结构。

（4）准备打印机。将光敏树脂装载到 SLA 打印机的槽中。确保打印机的光源和平台表面干净，并根据所选材料类型设置适当的打印参数。

（5）设置打印参数。将生成的切片文件传输到 SLA 打印机的控制板。在打印机的界面上设置所需的打印参数，如光固化时间、光源功率等。

（6）打印预处理。在开始打印之前，进行打印预处理操作，可能包括校准平台水平度、检查光源功率和曝光时间是否正常等。

（7）开始打印。启动 SLA 打印机，开始打印过程。打印机会按照切片文件中的指令逐层固化光敏树脂，逐步构建出模型。控制打印机的软件会保持与打印机的通信，并监测打印进度。

（8）清洗和后处理。一旦打印完成，从打印机中取出构建平台。将构建平台放入一个清洗容器中，使用特定的清洁液将未固化的树脂从模型表面洗去。随后，将模型放入紫外线照射设备中进行进一步的光固化。

（9）去除支撑结构。如果有添加的支撑结构，可以使用剪刀、刮刀等工具小心地将其去除。

（10）表面处理。根据需要，对打印好的模型进行表面处理，如打磨、喷漆、抛光等。

注意：具体的 SLA 模型制作流程可能因不同的设备、材料和应用而有所差异。

3.3.1 SLA 材料类型及选择

1. 常见 SLA 材料类型

SLA 技术使用光敏树脂作为材料。光敏树脂有多种类型，每种类型都具有不同的特性和适用范围。以下是一些常见的 SLA 材料类型。

（1）标准树脂。标准树脂是较常用的 SLA 材料类型之一，具有较高的分辨率和表面质量，并且相对经济实惠。标准树脂可用于制造模型、原型、艺术品等。

（2）高分辨率树脂。高分辨率树脂具有比标准树脂更高的分辨率和更平滑的表面质量，适合制作需要较精细的细节和较高精度的物体。这种树脂通常用于珠宝、微型模型、医疗器械等领域。

（3）强韧树脂。强韧树脂具有较高的抗冲击性和耐久性，可用于制造需要较高强度和耐用性的物体，如制作工程零部件、功能原型、工具等。

（4）弹性树脂。弹性树脂具有较高的柔韧性和拉伸性能，可用于制造需要较高弹性和变形能力的物体，如制作密封件、橡胶模型、柔软部件等。

（5）透明树脂。透明树脂具有良好的透明度和光学特性，可用于制造透明或半透明的物体，如光学元件、模型展示和灯具等。

2. 选择 SLA 材料时需要考虑的因素

（1）打印需求。根据打印对象的特性和所需的机械性能、外观质量等要求来选择合适的材料。

（2）分辨率和表面质量。不同类型的树脂具有不同的分辨率和表面质量，应根据打印需要的细节程度和表面平滑度来选择材料。

（3）物理性能。根据所需的强度、刚度、耐久性等特性来选择材料，确保其符合应用需求。

（4）透明度和光学特性。如果需要透明度或光学特性，则应选择适合的透明树脂。

（5）成本和可用性。考虑材料的成本和供应情况，以确保在预算和时间上符合要求。

用户还可以通过咨询 SLA 打印机制造商或材料供应商，了解更多关于不同材料类型的详细信息，并获得针对特定应用的建议。

3.3.2　SLA 设备基本功能及操作步骤

1. 基本功能

（1）光源控制。SLA 设备配备了一个光源，通常是紫外线激光或光束，它用于固化光敏树脂材料。光源具有控制功能，允许用户调整光源的功率、曝光时间等参数。

（2）打印平台控制。SLA 设备上有一个可移动的打印平台，它将光敏树脂逐层堆积，构建出物体。打印平台控制功能使用户可以控制平台的上升和下降，以确保每一层材料都被正确固化。

（3）温度控制。有的 SLA 设备具有温度控制功能，用于控制打印环境的温度。通过控制环境温度，可以影响打印过程中光敏树脂的流动性和固化速度。

2. 操作步骤

（1）设备准备。确保 SLA 设备处于良好工作状态。检查光源是否正常，打印平台是否干净，校准系统是否准确。

（2）材料准备。选择合适的光敏树脂材料，并将其加载到设备的槽中。确保材料装载正确，没有溢出或泄漏。

（3）设定参数。在设备的控制面板或软件界面上设置打印参数，包括层厚、曝光时间、光源功率等，并根据所需的打印质量和物体特性进行调整。

（4）尺寸校准。使用设备提供的功能进行尺寸校准，以确保打印结果与设计文件一致。

（5）模型切片。使用专门的切片软件将 CAD 模型文件转换为 SLA 设备可识别的切片文件。在切片软件中，可以设置打印参数并预览模型的切片图像。

（6）开始打印。将生成的切片文件传输到 SLA 设备，并启动打印过程。SLA 设备会按照切片文件中的指令逐层固化光敏树脂，构建出物体。监测打印进度，确保一切正常。

（7）清洗和后处理。一旦打印完成，取出构建平台，将其放入清洗容器中，使用特定的清洁液清洗未固化的树脂。然后对打印好的模型进行后处理，如紫外线固化、去除支撑结构、表面处理等。

注意：具体的 SLA 设备操作步骤可能因设备型号和制造商的不同而有所不同，在使用设备之前，请参考设备的用户手册，并遵循制造商提供的指导和安全要求。

下面以某型 SLA 设备为例介绍其具体操作步骤，如图 3-35 所示。该型 SLA 设备分为上下两部分，上半部分有机罩、打印面板、物料盘等。下半部分有触摸屏、启动开关、USB 接口等。打开机罩，里面的空间为打印区域。

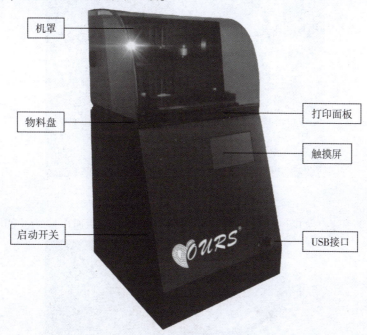

机罩

物料盘

启动开关

打印面板

触摸屏

USB接口

图 3-35　某型 SLA 设备

外观尺寸：上部为 430 mm×430 mm×780 mm，下部为 520 mm×520 mm×1 100 mm。

打印尺寸：最小为 96 mm×54 mm×120 mm，最大为 128 mm×78 mm×170 mm。

输入文档格式：SLC/ITS。

扫描速度：1 000~180 000 ms/每层可调。

环境温度：22℃~25℃。

机身为设备主体，设备摆放要保证机身底部相对水平，禁止将设备放在水平度较差的平台上打印。进行机身的日常清洁时，使用洗洁精加水用无尘布擦洗即可。触摸屏显示设备的整个软件界面，并通过触控操作对设备进行设置。USB 接口可以通过外部 U 盘进行打印数据的复制，实现设备与个人计算机的脱机打印。启动开关控制主机电路的开关，在总电源开关打开的情况下，按压启动开关，主机启动，工作状态开关常亮蓝色指示灯，再次按压，主机关机。

机身背后有总电源开关，包含 220 V 电源品字插口与总开关。关掉总开关，则设备内部电路全部断电。开关开启状态时，红色指示灯常亮。禁止在开关未断电的情况下直接插拔电源线，因为这样容易造成设备损坏。

物料盘为打印过程中盛放耗材的部件。机罩用于防护耗材免受外界环境紫外线破坏，无论设备处于打印状态还是非打印状态，都要避免机罩处于长时间开启状态。该型 SLA 设备的具体操作步骤如下。

（1）插好 220 V 电源，如图 3-36 所示。

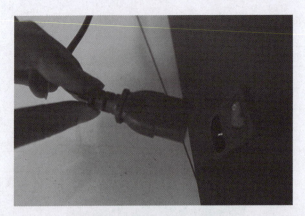

图 3-36　插好 220 V 电源

（2）打开电源开关，如图 3-37 所示。等待指示灯亮，证明通电成功，如图 3-38 所示。

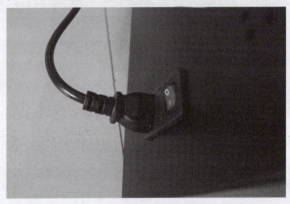

图 3-37　打开电源开关

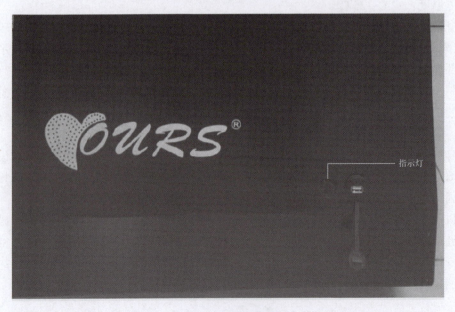

指示灯

图 3-38　指示灯亮

（3）启动设备并插入 U 盘，如图 3-39 所示。

图 3-39　启动设备并插入 U 盘

（4）等待触摸屏显示图 3-40 所示内容，证明设备启动成功。

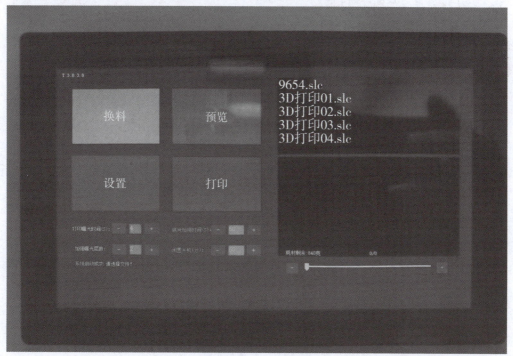

图 3-40　设备启动成功

（5）安装打印平台，如图 3-41 所示。

注意：将螺钉扭紧，防止打印时滑动。

图 3-41　安装打印平台

（6）安装物料盘，如图 3-42 所示。

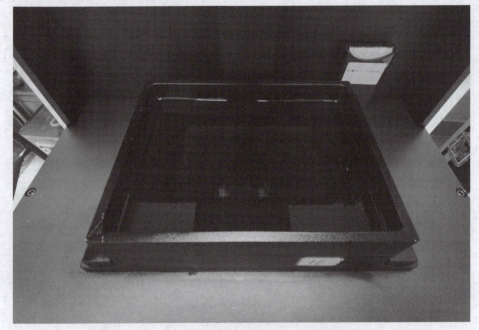

图 3-42　安装物料盘

（7）选择文件，进行打印。

3.3.3 SLA 技术的分类及优缺点

1. SLA 技术的分类

SLA 技术按照成型的方式，可分为自由液面式 SLA 和约束液面式 SLA。

1）自由液面式 SLA

自由液面式 SLA 的成型过程为：液槽中盛满液态光固化树脂（即光敏树脂），用一定波长的激光光束按计算机的控制指令在液面上有选择地逐点扫描固化（或整层固化），每层扫描固化后的树脂便形成一个二维图形；一层扫描结束后，升降台下降一层厚度，然后进行第二层扫描，同时新固化的一层牢固地黏在前一层上；如此重复，直至整个成型过程结束。

2）约束液面式 SLA

约束液面式 SLA 与自由液面式 SLA 的成型过程正好相反：激光从下面往上照射，成型件倒置于基板上，即最先成型的层片位于最上方，每层加工完之后，z 轴向上移动一层距离，液态树脂充盈于刚加工的层片与底板之间，光继续从下方照射，最后完成加工过程。约束液面式 SLA 可提高零部件制作精度，不需使用刮平树脂液面的机构，制作时间有较大缩短。

2. SLA 技术的优缺点

相对于其他 3D 打印技术，SLA 技术的优缺点如下。

1）优点

（1）SLA 技术是最早出现的 3D 打印技术，已经过时间的检验，成熟度高。

（2）由 CAD 数字模型直接制成原型，加工速度快，产品生产周期短，不需要切削工具与模具。

（3）可以加工结构外形复杂或使用传统手段难于成型的原型和模具。

（4）使 CAD 数字模型直观化，降低错误修复的成本。

（5）为实验提供试样，可以对计算机仿真计算的结果进行验证与校核。

（6）可联机操作，可远程控制，有利于生产的自动化。

2）缺点

（1）SLA 设备造价高昂，使用和维护成本过高。

（2）SLA 设备是对液体进行操作的精密设备，对工作环境要求比较高。

（3）成型件多为树脂类，强度、刚度、耐热性有限，不利于长时间保存。

（4）预处理程序较多，驱动软件运算量大，与加工效果关联性高。

3.3.4 SLA 技术的应用

在当前应用较多的几种 3D 打印技术中，SLA 技术由于具有成型过程自动化程度高、制作原型表面质量好、尺寸精度高及能够实现比较精细的尺寸成型等特点，广泛应用于航空航天、生物医学及其他制造领域。

1. 航空航天领域

在航空航天领域，SLA 模型可直接用于风洞试验，进行可制造性、可装配性检验。航空航天零部件往往是在有限空间内运行的复杂系统，在采用 SLA 技术以后，不但可以基于 SLA 原型进行装配干涉检查，还可以进行可制造性讨论评估，确定最佳的合理制造工艺。同时，可以通过快速熔模铸造、快速翻砂铸造等辅助技术进行特殊复杂零部件（如涡轮、叶片、叶轮等）的单件、小批量生产，并进行发动机等部件的试制和试验。此外，利用 SLA 技术可以制作出多种弹体外壳，装上传感器后便可直接进行风洞试验，避免了制作复杂曲面模的成本和时间，大大缩短了验证周期和开发成本。

2. 生物医学领域

SLA 技术为不能制作或难以用传统方法制作的人体器官模型提供了一种新的成型方法。基于 CT 图像的 SLA 技术是用于假体制作、复杂外科手术的规划、口腔颌面修复的有效方法。另外，基于 SLA 技术可以制作具有生物活性的人工骨支架，该支架具有很好的机械性能和与细胞的生物相容性，且有利于成骨细胞的黏附和生长。

3. 其他制造领域

SLA 技术在其他制造领域的应用也非常广泛，如工艺品（见图 3-43）、汽车、模具、电器和铸造等。除此之外，SLA 还可以与逆向工程技术、快速模具制造技术相结合，用于结构设计、结构样件/功能样件试制及零部件制作等。

图 3-43　采用 SLA 技术制作的工艺品

3.3.5　SLA 成型件的质量分析及优化

SLA 成型件的质量分析和优化是确保打印物体达到预期质量标准的关键步骤，包括以下几个方面。

1. 表面质量分析

（1）可见线条和纹理。SLA 成型件表面上可能出现层与层之间的可见线条或纹理，称为"阶梯效应"。通过调整打印参数，如层厚、曝光时间、光源功率等，可以减少或消除这些可见线条，提高表面质量。

（2）光滑度和精度。使用适当的材料和打印参数，可以获得更平滑和精确的表面质量。较低的层厚和较长的曝光时间可以提高表面光滑度，但可能会增加打印时间。

2. 尺寸精度分析

（1）误差测量。通过与设计文件进行比较，测量 SLA 成型件的尺寸误差。可以使用 3D 扫描仪或精密测量工具进行测量。

（2）校准。定期校准 SLA 设备以确保其精度。校准包括水平、垂直和位移校准，以及光

源功率和打印平台高度校准。

3. 支撑结构优化

（1）网格密度和方向。支撑结构的设计对于成型件的质量至关重要。适当选择网格密度和方向，可以在保证稳定性的同时减少后处理的工作量，并降低出现表面瑕疵的风险。

（2）支撑结构去除。支撑结构是在成型过程中添加的辅助结构，通常需要手动去除。优化支撑结构的设计可以减少后处理过程中对成型件的损害，并提高成品质量。

4. 材料选择和参数优化

（1）材料特性。不同类型的光敏树脂具有不同的物理和化学特性。材料的选择取决于所需的机械性能、耐久性、透明度等要求。

（2）打印参数优化。通过调整打印参数，如层厚、曝光时间和光源功率，可以影响成型件的精度和表面质量。找到最佳的打印参数组合是优化成型件质量的关键。

5. 后处理操作

（1）清洗和固化。清洗过程用于去除未固化的树脂残留物，通常使用洗涤剂或溶剂。固化过程中，通过紫外线照射来确保成型件完全固化。

（2）支撑结构去除。采用适当的工具，如剪刀、钳子等，谨慎地去除支撑结构，并避免对成型件造成损害。

（3）表面处理。进行必要的表面处理，如打磨、抛光、喷漆等，以达到所需的外观质量。

通过综合考虑上述因素并进行实验和优化，可以最大程度地提高 SLA 成型件的质量，并满足特定的设计和应用要求。

3.4　金属 3D 打印和生物 3D 打印

3D 打印在许多领域都有广泛的应用，它正在改变制造业和创新设计的方式。随着技术的不断进步和发展，会涌现出更多的创新和应用。本节主要介绍金属 3D 打印和生物 3D 打印。

3.4.1　金属 3D 打印

3D 打印起源于制造业从规模化生产到个性化需求的变迁中。在其出现的头十年中，主要是针对新产品的开发快速制作模型，对设计、装配进行验证，所用材料包括光敏树脂、塑料、纸、陶瓷、特种蜡及聚合物包覆金属粉末等。这些材料在密度和性能上与所需的功能零部件相差甚远，所以只能作为原型看样，不能作为最终功能性零部件或模具直接使用。因此，要实现原型制作向直接制造的转变，必须发展成型材料，研发相关的成型工艺与装备，使成型零部件接近或达到最终的工程力学性能。

金属是所有材料中应用最广、综合力学性能最好、实用意义最大的材料。近年来，金属材料的 3D 打印成为零部件直接制造领域的研究热点和前沿，并迅速进入高速发展阶段。金属构件直接成型的实现大大拓宽了 3D 打印的应用领域。

相比于传统的金属加工方法，金属 3D 打印具有一些独特的优势和应用。以下是关于金属 3D 打印的一些知识。

1. 金属 3D 打印的分类

粉末床熔化是最常见的金属 3D 打印技术。在该过程中，金属粉末层被加热达到其熔点，然后使用激光束或电子束进行局部熔化以形成物体。每一层完成后，新的金属粉末层将覆盖在上面，并且重复此过程，直到构建出完整的物体。

金属线材形成使用金属线材而不是金属粉末。金属线通过加热至熔点并使用机器臂或类似工具逐层堆叠和焊接，形成所需的物体。

根据金属材料在成型时的不同状态，可将金属 3D 打印技术分为选区沉积、熔覆沉积和熔滴沉积技术 3 类，如表 3-3 所示。

表 3-3　3 类金属 3D 打印技术的特点及精度

金属 3D 打印			特点	精度/mm	$Ra/\mu m$
选区沉积（铺粉）技术		选择性激光烧结（SLS）	激光半固态烧结机制。成型过程中的热应力小，制件变形小、精度高。制件孔隙率高、致密度低，力学性能不理想	0.05～2.5	10～30
		激光选区熔化（Selective Laser Melting，SLM）	粉体完全熔化的冶金机制。致密度很高，微观结构及力学性能好。成型过程中凝固收缩大、内应力大，制件易变形或开裂	0.05～0.1	20～50
		直接金属激光烧结（DMLS）			
		电子束选区熔化（Electron Beam Selective Melting，EBSM）	高能电子束在真空环境下熔化金属粉末。制件致密度高、氧含量少、热应力低，不易变形开裂。成型速度快，但精度较低	0.1～0.2	20～30
熔覆沉积技术	送粉	激光熔化沉积（Laser Melting Deposition，LMD）	STL 分层，同轴或侧向送粉。制件高致密度或完全致密，力学性能好。加工薄壁金属件更具优势，难以加工带有悬臂结构的零部件	0.05～0.38	6.25
		直接光学制造（DLF）	CAD 分层，五轴加工。DFL 可同时送 4 种粉；DMD 同轴送粉且实时反馈控制熔覆层高度、化学成分和显微组织	±0.12	10
		直接金属沉积（Direct Metal Deposition，DMD）			
	电子束熔丝沉积（Electron Beam Wire Deposition，EBWD）		高能电子束在真空环境下熔化沉积金属丝材，致密度高。沉积效率高，但成型精度低，需后续机械精加工。材料利用率达 100%	1	50
熔滴沉积技术	形状沉积制造（Shape Deposition Manufcuteing，SDM）		金属液态微滴精确沉积在特定位置，实现熔滴间的冶金结合。制件组织微观细小均匀，力学性能较好	3%～8%	—

1）选区沉积技术

选区沉积技术的特征是粉末态材料在沉积反应前已铺展在沉积位置上，用激光逐点逐行烧结或熔化。这类技术以SLS、SLM、DMLS和EBSM为代表。

（1）SLS技术。

SLS技术在3.1.2节已介绍，此处不再赘述。

（2）SLM和DMLS技术。

SLM和DMLS技术是在SLS技术的基础上发展起来的，其原理与SLS技术基本相同。不同点主要在于激光功率和成型机制。

SLM技术由德国Frauhofer激光技术研究所于2002年成功研发，采用的成型机制为粉体完全熔化机制。该技术的实现得益于近年来激光3D打印设备的不断发展和改进，如引入高功率密度的激光，减小光斑直径（几十至几百微米），降低铺粉厚度等。金属粉末在高功率密度激光辐照下达到完全熔化，而非局部熔结，通过完全的冶金结合并自动地层层堆叠，生成致密的几何形状的实体零部件。SLM技术成型材料多为单一成分的金属粉末，如镍基合金、钛基合金、钴-铬合金、奥氏体不锈钢及贵重金属等。图3-44为采用SLM成型的金属零部件。

图3-44　采用SLM成型的金属零部件

DMLS与SLM技术的不同点在于其使用材料多为不同金属组成的混合物，各成分在熔化过程中相互补偿，有利于保证制作精度。

与SLS制件相比，SLM、DMLS制件由于金属本身是致密体重熔，因此成型时不易产空穴，致密度可达99%以上，接近锻造的材料胚体，微观结构非常好。因此，SLM、DMLS制件的成型质量（表面粗糙度、致密度、机械强度等）较之于SLS制件有明显提高。但其缺点也比较明显：由于成型过程中制件全部材料都经过"固→液→固"的复杂相变过程，温度、体积变化和温度梯度都很大，产生过大的凝固收缩，导致内应力大大提高，出现变形甚至开裂，影响精度。经SLM、DMLS技术净成型的构件，成型精度高（最低铺粉厚度可达20 μm），综合力学性能优（机械性能优于锻造材料），可直接满足实际工程应用需求；成型的零部件需要进行后处理，包括热处理、机械精加工。SLM、DMLS技术的应用范围已扩展到航空航天、汽车、微电子和医疗等行业，其发展的最大局限是零部件尺寸、可用材料和过程监控能力。

（3）EBSM 技术。

EBSM 技术原理与 SLM 技术本质是一样的，只是加工热源换成了电子束。图 3-45 所示为 EBSM 技术原理。EBSM 技术利用高速电子的冲击动能来加工工件，在真空条件下，将具有高速度和高能量的电子束通过聚焦线圈聚焦到被加工材料上。电子束在偏转线圈驱动下，先利用低电流和低扫描速度的散焦电子束对粉末进行预热，随后采用更大的电流和扫描速度按 CAD 模型分层轮廓规划的路径扫描，对粉末进行熔化。电子的动能绝大部分转变为热能，使材料瞬时熔化，熔化完成后，成型平台下降一个层

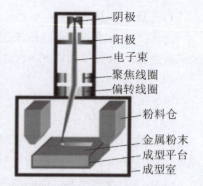

图 3-45　EBSM 技术原理

厚的距离，再次进行"铺粉→预热→熔化"循环，从而实现材料的层层堆积，直到制造出需要的金属零部件。整个加工过程均处于 10^{-2} Pa 以上真空环境中，能有效避免空气中有害杂质的影响。图 3-46 所示为用 ESBM 技术成型的零部件。

（a）

（b）

图 3-46　用 ESBM 技术成型的零部件
（a）英国谢菲尔德大学的金属钨材料制件；（b）天津清研智束公司的镍基高温合金制件

ESBM 技术有如下特点。

①热源为电子束，能量利用效率比工业用高功率激光器高出数倍；作用深度大、材料吸收率高、稳定及运行维护成本低，并且控温性能良好；加工材料的范围广，可以加工钨、钼、钽等难熔金属及合金。

②成型过程中粉末颗粒完全熔化，制件致密度高。此外，由于成型过程中保持零部件温度在退火温度（大于 700 ℃），因此热应力低、不易变形开裂，可省去后续的热处理工序。

③整个加工过程处于 10^{-2} Pa 以上真空环境中，能有效避免空气中有害杂质的影响，污染少，加工表面不易被氧化，特别有利于钛等活泼金属的成型。由于多数金属粉末对电子束的吸收率非常高，因此可以轻易加工激光不易加工的铜、铝等金属。但是，昂贵的专用设备和真空系统使其在实际生产中受到一定的限制，只能用于加工小型零部件。

④电子束扫描控制依靠电磁场，由无惯性装置实现，控制灵活，反应速度快，可以实现高达 10 000 mm/s 的扫描速度，成型速度是 SLM 的 4~5 倍。整个加工过程便于实现自动化。

⑤与 SLM、DMLS 技术相比，EBSM 技术产生的电子束能量很高，可采用较大颗粒的金属粉，粉末耗材价格低，但成型精度相对较低。

总的来说，EBSM 技术成型速度快、效率高、能量利用率高，其成型件力学性能出色，

已经达到或超过传统的铸件，且部分材料制件的力学性能达到锻件水平，因此可成型具有复杂形状的高性能金属零部件，广泛运用于航空航天、生物医疗等领域。

2) 熔覆沉积技术

熔覆沉积技术的基本特征是高能激光束/电子束在基体上形成熔池的同时，将粉状或丝状沉积材料送（喷）入高温熔池，随着熔池移动，实现材料在基体上的沉积。这类技术以 LMD、EBWD 等为代表。

（1）LMD 技术。

LMD 技术与选区沉积技术的主要不同点在于粉料的供给方式。选区沉积技术以粉床铺粉方式供料，而 LMD 技术的供料方式一般为同轴送粉或侧向送粉。LMD 技术原理如图 3-47 所示。利用激光的高能量使得基体和金属粉末发生熔化，在基体上形成熔池，熔化的粉末在熔池上方沉积，冷却凝固后在基体表面形成熔覆层。在计算机控制下，根据成型件 CAD 模型的分层轮廓，运动系统驱动工作台、z 轴上的激光头和送粉喷嘴运动，逐点、逐线、逐层形成具有一定高度和宽度的金属层，完成金属熔体的 3D 堆积成型。为避免加工过程中金属粉末在激光成型过程中发生氧化，降低沉积层的表面张力，提高层与层之间的浸润性，整个加工过程均在由惰性气体保护的环境中进行。

由于金属粉末在送粉喷嘴中已处于熔融状态，故 LMD 技术特别适用于高熔点金属的 3D 打印。金属沉积的控制水平（包括熔池稳定性、送粉稳定性和送粉精度等）很大程度上决定了制件工艺的精度和制造复杂特征的能力。随着同轴送粉装置设计的完善，实现了对熔池尺寸大小及其稳定性的精确控制，使得加工薄壁类零部件时能够保证尺寸精度。因此，用 LMD 技术加工薄壁金属件更具优势。图 3-48 所示为用 LMD 技术制造的薄壁件。

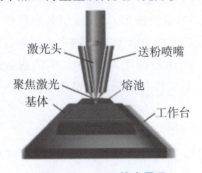

图 3-47　LMD 技术原理

图 3-48　用 LMD 技术制造的薄壁件

LMD 是一种直接成型的技术，可制造高密度、力学性能很好的金属零部件。而且制造速度快，不需要模具；材料利用率高，可实现复杂零部件近净成形，机加工量小；适用于难加工金属材料制备，以及实现传统制造很难或者是无法完成的形状复杂零部件的加工；加工柔性高，能够实现多品种、变批量零部件制造的快速转换。与 SLS、SLM 技术相比，LMD 技术具有以下不同。

①沉积层厚度为毫米尺度，增材制造效率要高于 SLS、SLM 技术，适合制造尺寸较大的金属构件。但就成型精度而言，通常低于 SLS、SLM 成型件，属于近净成形制造，成型件仍需要一定的后续机加工。

②可实现非均质、材料梯度的零部件制造。通过调节送粉装置，逐渐改变粉末成分和送

粉速度，可在一个零部件中实现材料成分的连续变化。在加工异质材料(功能梯度材料、复合材料)方面具有独特的优势，为合理化设计零部件提供了一个灵活的实现手段。

③零部件形状较简单，且不易制造薄壁金属件。材料的沉积必须以熔池在基体上方形成为前提，制造悬臂类特征存在很大困难，只能在熔池上方一定角度内实现。研究领域目前从两方面探索悬臂类特征的沉积方法：一是基于在沉积过程中引入支撑。支撑材料为易去除的低熔点材料，通过沉积与制件主体同步生成，在其上可进一步沉积悬臂结构。二是增加金属沉积系统的自由度。

例如，直接光学制造(DLF)技术直接由 CAD 模型分层获得数控加工路径格式的文件，采用五轴联动(即工作台的 x、y 轴方向水平运动，在 xy 平面内围绕 z 轴转动和相对于 z 轴进行倾斜，此外激光头还可在 z 轴方向上垂直运动)，可以直接成型具有复杂内部孔腔结构的金属零部件，以及完成传统方法无法胜任的金属零部件的近形制造，并且送粉装置可以同时输送 4 种不同成分粉末。又如，直接金属沉积(DMD)技术采用五轴数控加工中心，可以灵活沉积金属粉末以成型复杂的功能零部件。该技术最大特色在于能实时反馈控制熔覆层高度、化学成分和显微组织，它融合了激光、传感器、计算机数控平台、CAD/CAM 软件、熔覆冶金学等多种技术，可制造出适合直接应用的金属零部件。

相对于 SLM、EBSM 等铺粉类技术，LMD、DLF 和 DMD 这类激光送粉沉积技术可以制造出更大、更复杂的零部件，主要应用在大型零部件毛坯制造、小型功能梯度(或多材料)复杂零部件制造及损伤零部件的快速修复等方面。

(2)EBWD 技术。

EBWD 技术原理如图 3-49 所示。在真空环境中，高能量密度的电子束轰击金属表面形成熔池，金属丝材通过送丝装置送入熔池并熔化，同时熔池按照 CAD 模型分层轮廓规划的路径运动，金属材料逐层凝固堆积，沉积形成致密的冶金结合，直至制造出金属零部件或毛坯(毛坯再进行表面精加工和热处理)。与 LMD 技术的送粉相比，EBF3 技术的送丝速率和位置都可以精确控制，因此送料稳定性和精度较好，其装置和控制系统也相对简单一些。

相对于 LMD 技术，EBWD 技术具有如下特点。

①丝材价格低于粉材，且 100% 进入熔池，不产生任何废料。

②高能量密度的电子束成型速度快，金属沉积速率可达 22 kg/h，制件公差余量大于 1 mm。

③电子束独特的"钉形"熔池形貌，穿透力强，可对多层(大于两层)沉积体进行重熔，消除减少内部孔洞等缺陷，提高沉积体的致密度，力学性能接近或等效于锻件。

④适合超高熔点合金(钨、钽、铌等)的制造。

⑤专用设备和真空系统，价格较高。

EBWD 技术的成型速度快、工艺方法灵活、保护效果好、材料利用率高及能量转化率高，适合大中型钛合金、铝合金等金属零部件的成型制造与结构修复。图 3-50 所示为用 EBWD 技术制造的钛合金飞机零部件，其力学性能满足 AMS 4999 标准要求。

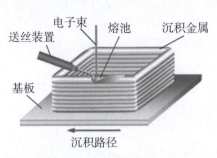

图 3-49　EBWD 技术原理

图 3-50　用 EBWD 技术制造的钛合金飞机零部件

2）熔滴沉积技术

兴起于 20 世纪 90 年代的熔滴沉积技术是一种新型金属零部件 3D 打印。该技术基于均匀金属微滴喷射技术，原理如图 3-51 所示。在保护性气体中，将金属材料置于坩埚中，通过加热装置使其熔化，然后在脉冲压力（脉冲压电驱动力或脉冲气压力）的作用下，使金属熔化液从喷嘴射出并形成尺寸均匀的金属熔滴，选择性地在基板上逐点、逐层沉积，直至成型出复杂零部件。其基本特征是材料在沉积前已经熔化，形成的熔融态熔滴直接沉积到基体上，靠自身的热量与基体在结合界面处发生局部重熔，实现熔滴间的冶金结合。由于熔滴直径较小，其冷却速度较快，制件的组织较为细小均匀，从而有效提高制件的力学性能。

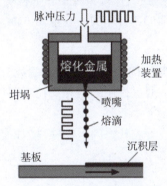

图 3-51　熔滴沉积技术原理

与熔覆沉积技术不同的是，熔滴沉积技术没有在基体上形成熔池的过程，因此避免了输入大量热量对制件微观组织和热应力状态的不良影响。熔滴沉积技术与熔覆沉积技术缺点相似，即制件形状的复杂程度受到限制，对悬空特征的制造也存在困难。

熔滴沉积技术具有喷射材料范围广、可无拘束自由成型和不需要昂贵专用设备等优点，与切削加工相结合，使得切削加工范围延伸到了零部件的内部，可以制造具有成分梯度和结构梯度的零部件，并且可以在制件内部埋入传感器件等组件，制造具有自我感知、自我监控功能的智能零部件。熔滴沉积技术在微小复杂金属制备、电路打印与电子封装、微电子机械制造、结构功能一体化零部件制造等方面具有广阔的应用前景。

2. 应用前景

（1）制造业。金属 3D 打印在制造业中有广泛的应用，包括原型制作、生产定制零部件、复杂结构的部件制造等。

（2）航空航天和汽车工业。金属 3D 打印可以制造轻量化的零部件和结构，提高飞机和汽车的燃油效率和性能。

（3）医疗领域。金属 3D 打印在医疗领域的应用包括生物植入物、外科手术辅助工具、牙科修复等。

（4）能源行业。金属 3D 打印可以用于制造燃气涡轮、核电部件等特殊要求的能源设备。

（5）艺术和设计。金属 3D 打印为艺术品和珠宝设计提供了更多的创作自由度。

3. 优势和挑战

（1）优势。金属 3D 打印可以实现复杂形状和内部结构，提供快速原型制作和定制化生产的能力。此外，它还可以节省材料、减少浪费和提高生产效率。

（2）挑战。金属 3D 打印面临的挑战包括高成本、设备和材料限制、打印速度较慢及后处理要求的特殊性。

总的来说，金属 3D 打印在制造业和其他领域的应用越来越广泛。随着科学的进一步发展和成本的降低，会有更多的创新和应用涌现，从而推动金属 3D 打印的发展。

3.4.2 生物 3D 打印

生物 3D 打印是一种利用 3D 打印来构建生物相关结构和组织的方法，也被称为生物制造或组织工程。这项技术结合了生物学、材料科学和工程学，旨在模拟和重建人体组织和器官的结构和功能。以下是关于生物 3D 打印的一些重要方面。

1. 工作原理

（1）细胞打印。使用生物墨水（由细胞和支持材料组成）来逐层构建组织结构。细胞打印的原理基于类似于传统 3D 打印，通过控制细胞和支持材料的排列和分布，来制造复杂的生物组织。

（2）水凝胶打印。使用可形成凝胶状态的生物材料（如海藻酸盐或明胶）进行打印。打印后，凝胶可以固化形成生物组织结构。

2. 应用前景

（1）器官和组织再生。生物 3D 打印可以制造人工组织和器官的原型，为组织再生和移植提供可能性，如肝脏、心脏、肾脏等。

（2）药物筛选和治疗。生物 3D 打印可以用于创建更真实的体外模型，用于药物测试和研究，以及为个体化医疗提供基础。

（3）人工皮肤和组织修复。生物 3D 打印可用于制作具有真实皮肤结构和功能的人工皮肤，并为烧伤患者和其他组织损伤患者提供修复解决方案。

（4）生物传感器和生物芯片。生物 3D 打印可用于创建生物传感器和生物芯片，用于监测和诊断疾病。

3. 典型示例

以下是生物 3D 打印的两个典型示例。

（1）各种植入体。

近年来，医疗行业已越来越多地采用 3D 打印来设计和制造骨科、牙科植入物，可有效降低定制化、小批量植入物的制造成本。

目前生物 3D 打印的各种骨科植入物如图 3-52 所示，包括颅骨、下颌骨、锁骨、肩胛骨、胸骨、股骨柄、髋臼杯、脊柱笼(脊柱锥间融合器)、膝关节、截骨融合器、踝关节距骨、跟骨假体等。这些植入物可根据患者原生骨骼的特征进行个性化定制，与原生骨骼完全匹配，从而减少植入物(或假体)对人体的影响，更好地融入人体，改善对患者的治疗效果，最大程度恢复人体骨骼的正常功能。除了"量体定制"外，生物 3D 打印骨科植入物的另一个意义在于，能够打印出与植入物一体的仿生骨小梁微孔结构，如图 3-53 所示，孔的几何结构和孔隙率可以得到精确的控制。多孔植入物结构可以促进骨头成长愈合，从而带来更加良好的康复效果。

生物 3D 打印的牙科植入体主要有牙冠、牙桥及种植牙等，如图 3-54 所示。用生物 3D 打印进行个性化定制的牙科产品，要比传统手工制作的植入体误差小，还原度高。例如，德国口腔产品制造商 Natural Dental Implants 公司推出的 REPLICATE Tooth 系列种植牙[见图 3-54(c)]就是根据患者的口腔进行定制化设计的。种植牙基于患者口腔 3D 扫描的影像数据进行设计，其钛金属牙根和氧化锆基台通过 3D 打印制造。定制化的种植牙可以在拔牙后立即种植到患者的口腔中，不需要钻孔，也不会损伤相邻的牙齿。

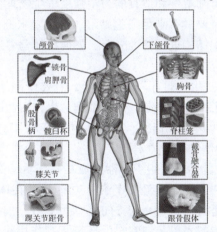

图 3-52　3D 打印的各种骨科植入体

图 3-53　与植入物-体的仿生骨小梁微孔结构

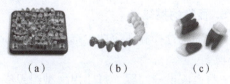

图 3-54　生物 3D 打印的牙科植入体

(a)牙冠；(b)牙桥；(c)种植牙

(2)组织工程产品。

与细胞结合的生物 3D 打印是研究的热点之一。生物 3D 打印以活体细胞、营养物质和液态生物材料的共混物作为打印"墨水"，直接打印"材料-细胞"的一体化支架，可以获得更高且分布均匀的细胞密度，并在微观尺度上控制细胞的排列分布，这对促进细胞在支架上的生长与分化，最终形成功能组织具有十分重要的意义。利用生物 3D 打印，可根据患者缺损/病变部位的成像数据，快速、精确地制造个性化组织工程支架，实现支架与患者缺损/病变部位的完美匹配。

4. 技术瓶颈

尽管有生命特征的生物 3D 打印研究尚处起步阶段，并且在创伤修复（如皮肤、骨、软骨、血管、气管等）、整形功能重建（如口腔、耳、鼻的赝复体等）、实体器官再造（如人工肝脏、肾脏、心脏等）、工程化组织构建（如胚胎干细胞、成体干细胞、生物活性因子、酶、多糖、蛋白、药物等）等领域都有一定的研究成果，但真正产业化还为时尚早，其面临的技术瓶颈主要有以下几点。

（1）生物信息处理。在 3D 打印一个生物假体之前，要获得其全部信息，并根据掌握的信息进行二维到 3D 的转化。复杂的器官，如心脏、肝脏等，由于血管、细胞等组织分布密集，若没有获得完整信息 3D 打印出仿生品，则发挥不出其功效。

（2）生物墨汁研发。一方面，能进行生物 3D 打印的生物材料极为有限。根据不同临床修复需要，要研制适合生物 3D 打印的多种材料和"墨水"。由于人体组织、器官形态及结构的复杂性，对材料种类、组分、细胞、因子、管网系统（如脉管、胆管、支气管、淋巴管、神经）的要求也不同，使材料的研究具有挑战性。另一方面，理想的组织工程支架材料需具有良好的生物相容性、生物可降解性和适宜的力学强度等生物理化性质。不仅要具有与缺损组织相匹配的解剖外形，而且要具有满足细胞黏附、增殖要求的内部 3D 多孔结构。如何实现细胞在支架内按照预制组织结构进行精准分布、如何构建营养通道血管、如何提高打印组织的机械性能等都是未来研究方向。

（3）生物打印机。要适应"生物打印"这一特点，需要研制通用型、专用型等多种打印机，能兼容不同材料，达到无菌、无热源、保持细胞、生物活性因子活力、维持组织结构完整性等要求。同时需提高打印精度及速度，探索不同打印物体的打印条件（如温度、湿度、压力等），还要满足对打印物体的生物力学要求。

（4）打印后处理。具有生物活性的组织、器官成功打印后，如何确认其结构及功能与人体组织、器官匹配，体内植入后如何实现血管化、功能化，在体内能否实现永久生理性修复，如何接受神经体液调控是目前要攻克的方向。

随着对支架材料、干细胞技术以及细胞与微环境相互作用机制研究的不断深入和突破，利用生物 3D 打印构建个性化并具有功能性的人工器官将不再是遥不可及的目标。

5. 面临的挑战

（1）细胞选择和适应性。选择合适的细胞类型，并确保它们能够在打印过程中存活和适应环境。

（2）血液供应问题。打印出大型组织或器官时，确保其血液供应和生物可持续性。

（3）法规和伦理考虑。生物 3D 打印涉及人类和动物细胞使用，因此需要严格的法规和伦理框架。

总的来说，生物 3D 打印具有巨大的潜力，可以在医学、生物学和生命科学领域带来重大的影响。尽管目前仍然存在挑战，但随着技术的不断进步和理解的深入，生物 3D 打印有望为组织再生和个性化医疗等领域提供更多可能性。

3.5　3D 打印的应用

3D 打印具有化繁为简、快速性、高度柔性及技术高度集成等特点，能够更好缩短产品设计及研发过程，将用户的想法更迅速转换成现实产品，有力地推动了制造业快速响应市场的需求。因此，其在工业制造(如汽车、航空航天、模具、电子电器等领域)、生物医疗及其他多个领域都得到广泛的应用，如表 3-4 所示。

表 3-4　3D 打印的应用领域

领域		应用
工业制造	汽车	造型评审，设计验证，功能检验，个性化创意产品，复杂结构零部件，多材料组合零部件，专用工装，轻量化结构设计等
	航空航天	大型整体结构件，形状复杂的功能性部件，优化结构设计，功能性零部件快速修复等
	模具	快速直接制造模具或间接制造模具
	电子电器	电子器件(电阻、电容、电感、晶体管、传感器等)，成型电路，继电器，电池，热管，曲面天线，梯度材料构件，电子产品外壳零部件，家用电器设计可视化等
生物医疗		医学模型、手术模型，手术导板及医疗辅助工具，医疗植入体，组织工程产品等
其他		建筑、服装、制鞋、珠宝首饰、食品等

1. 3D 打印在工业制造领域中的应用

目前，工业制造领域已成为 3D 打印的主战场。例如，在汽车制造领域，3D 打印已应用于汽车整个生命周期(包括研发、生产和使用)，以实现短设计周期迭代，改善制造环节，提高生产效率，降低生产成本，满足用户的定制化需求；在航空航天领域，3D 打印可实现结构件的轻量化、整体化、长寿命、高可靠性和结构功能一体化，使航空航天飞行器越来越先进、越来越轻、机动性也越来越好；在电子电器领域，3D 打印不仅可以用来打印电阻电容、晶体管和传感器等各种电子元器件，还可以实现电子线路、太阳能电池、曲面天线和复杂机电器件的自由成型，以及家用电器的可视化设计。

在工业制造领域中，3D 打印的应用无论是简单的概念模型还是功能型原型，均朝着更多的功能部件方向发展，主要体现在以下几个方面。

1) 新产品开发过程中的设计可视化

利用 3D 打印将 CAD 模型转换成物理实物模型，使设计可视化，便于设计团队之间以及设计者与制造商间有效沟通，能够及时、方便地验证设计人员的设计思想、评审产品的外观造型、检验制造工艺和装配性以及测试功能样件性能等，一旦发现设计中的问题，可及时修改。相比传统方式，3D 打印可以大大节省设计验证时间，并使设计错误成本最小化。

美国橡树岭国家实验室使用 3D 打印成功制造了一辆汽车，用时 44 h，如图 3-55 所示。借助这样的概念模型或功能性实体原型，不同专业领域(设计、制造、市场、客户)的人员不但可以对汽车的外形、内外饰等外观造型进行设计、评审和确定，还可以进行整车装配检验，以确定最佳的合理的工艺。由于3D打印的实体原型本身具有一定的结构性能，并且3D打印可直接制造金属零部件或有特殊要求的功能零部件和样件，因此可在研发前期对整车的设计可靠性(安装结构、零部件匹配、结构强度等)进行验证，以弥补整车试验处于整车开发中后期带来的设计风险。

图3-55　美国橡树岭国家实验室使用3D打印制造汽车

2）复杂结构的功能性零部件制造

在研发过程中，往往为了保证零部件的功能性，使其结构设计复杂，导致传统制造成本非常高甚至无法制造。3D打印具有去模具化、加工复杂结构零部件周期短及不受批量影响等特点，很适合直接生产单件、小批量及特殊复杂零部件。对于高分子材料的零部件，可用高强度的工程塑料直接进行3D打印；对于复杂金属零部件，可通过快速铸造或直接金属件成型获得。

例如，图3-56所示为福特公司EcoBoost赛车的增压室进气歧管。该全新的进气歧管用3D打印制造只需一个星期，这样开发工程师能够有更多的时间进行测试、调整和完善。图3-57所示为国产客机C919的主风挡整体窗框。为了承受高速飞行时的巨大动压，窗框采用双曲面形，由钛合金制成。该窗框由欧洲某飞机制造公司生产，模具费需200万美元，生产周期至少要2年。北京航空航天大学采用3D打印，仅用了55天就完成了该窗框的制造。

图3-56　EcoBoost赛车的增压室进气歧管

图3-57　C919的主风挡整体窗框

3）大型整体结构件、承力件的加工

金属构件激光增材制造研究在材料、结构、工艺、技术、性能及功能等多方面呈创新发展之势，在飞行器、船舶及汽车制造等领域，越来越多地运用大型整体构件取代零部件拼装，以提高结构效率和强度、减轻结构质量。这些大型结构件采用传统方法加工，往往去除余量大、对制造技术及装备要求高，需要大规格锻坯、大型锻造模具及万吨级以上的巨型锻造设备，制造工艺复杂，生产周期长，制造成本高。

图 3-58 所示为北京航空航天大学采用 3D 打印制造的歼-15 钛合金主承力构件整体加强框，其生产周期仅为传统技术的 1/5，成本降低 1/2，材料利用率提高 5 倍，同时在强度、寿命等各项指标上，与传统技术相比更加优秀，目前已实现装机应用。图 3-59 所示为西北工业大学与中国商用飞机有限责任公司合作，运用 LMD 技术制造的 C919 的合金中央翼缘条。其长度为 3 100 mm，最大变形量<1 mm，实现了大型钛合金复杂薄壁件的精密成型。与原生产工艺相比，大大提高了制造效率和精度，显著降低了生产成本。用 LMD 技术制造的近净成形精坯质量为 137 kg，而传统锻件毛坯质量为 1 607 kg，节省了 91.5% 的材料，并且探伤和力学性能测试结果皆符合设计要求。

图 3-58 歼-15 钛合金主承力构件整体加强框

图 3-59 C919 的合金中央翼缘条

4）零部件简约化、一体化

3D 打印可以一次性整体成型过去需由众多零部件装配而成的结构件，消除不同部件之间冗余的连接结构，实现"去连接化"，从而有效地减少结构件的质量、缩短加工周期，提高零部件的整体性能。图 3-60 所示是通用电气公司（GE）采用 SLM 生产的新一代 LEAP 发动机燃油喷嘴。LEAP 发动机实现"减少排放，降低燃油消耗"目标的关键，在于燃油喷嘴头部 14 条迷宫式的复杂精密流道结构，能使燃油与空气高效预先混合，并能承受 1 600 ℃ 的高温。这个体积只有核桃大小的复杂结构如果用传统制造方法，需要由 18 个零部件焊接完成，研究人员曾经尝试了 8 次，均以失败告终。2012 年，研发团队设计了新一代的喷嘴，将 18 个零部件变成一个精密的整体，用 SLM 完成加工。新喷嘴比上一代轻 25%，耐用度是上一代的 5 倍，成本效益比上一代高 30%。

图 3-60 LEAP 发动机燃油喷嘴

5）轻量化结构零部件

在飞机、火箭、卫星及汽车等领域，减重是永恒不变的主题。轻量化不仅可以提高飞行器飞行、汽车行驶过程中的灵活度，而且可以增加载重量，节省燃油，降低飞行、行驶成本。但是，传统的制造方法已经将零部件减重发挥到了极致，难以再有更大的作为。"3D 打印+轻量化的材料+创新型的设计"协同制造的新模式为减重目标进一步释放了空间，为轻量化金属构件性能及功能的突破带来新契机。一方面，采用高比强度的轻质材料，如钛合金、铝合金、镁合金、陶瓷、塑料、玻璃纤维或碳纤维复合材料等新型材料来替代金属结构件，以实现减重。例如，美国橡树岭国家实验室使用 3D 打印复制了传奇跑车 Shelby Cobra，如图 3-61 所示。该车用 6 个星期时间完成，使用的是先进复合材料，整车质量减轻了一半，同时性能和安全性也有所提高。另一方面，通过轻量化设计，在保证零部件结构强度的前提下，对零部件进行减重优化。轻量化设计的主要途径有 4 种：一体化结构实现、中空夹层/薄壁加筋结构、镂空点阵结构及异形拓扑优化结构。图 3-58、图 3-59 和图 3-60 都是一体化结构实现的典型实例。

图 3-61　使用 3D 打印复制的 Shelby Cobra 跑车

3D 打印因具有叠层自由制造的特性，赋予了复杂轻量化结构极高的设计及成型自由度，可成型传统加工方法难以成型的中空夹层/薄壁加筋结构(见图 3-62)和轻量化复杂点阵结构(见图 3-63)。图 3-64 所示为火箭发动机轻量化零部件原型，其内壁带有随形冷却夹芯的点阵结构，实现了减轻质量的目的。2019 年 8 月 17 日发射升空的"千乘一号"卫星，其主结构是国际上首个基于 3D 打印点阵材料的整星结构。传统微小卫星结构质量占比为 20% 左右，"千乘一号"卫星的整星结构质量占比降低至 15% 以内。将点阵结构优化设计与增材制造技术相结合，可以在减轻质量的同时赋予结构功能性，使构件具有高比强度和高比刚度等优异的力学特性，具有隔振、吸声、吸能、传质等功能，同时大幅减少了材料的用量。近年来，采用 3D 打印制造复杂构型的轻量化点阵结构已成为热点研究方向之一。

图 3-62　中空夹层/薄壁加筋结构　　图 3-63　轻量化复杂点阵结构　图 3-64　火箭发动机轻量化零部件原型

基于拓扑优化的结构设计是金属构件轻量化及强韧化的又一重要途径。拓扑优化为 3D 打印提供创新设计，3D 打印为拓扑优化提供制造手段。通过拓扑优化算法，可以计算给定问题下最优的材料空间分布状态，在给定的设计区域内找到最佳结构配置，获得在特定体积分数下的最优承力结构，实现特定算法下的材料最优分布，从而实现结构的轻量化。图

3-65 所示为 EADS 公司为机翼支架进行结构优化前后的外形对比。3D 打印的机翼支架比传统铸造加工的机翼支架减重约 40%。图 3-66 所示为德国宝马公司使用"拓扑优化设计+金属 3D 打印"研制 BMW i8 Roadster 敞篷车顶支架的过程。该支架赢得了 2018 年 Altair Enlighten 奖，比以前 Roadster 车型的常规制造车顶支架轻 44%，硬度也比最初计划的硬度高 10 倍。

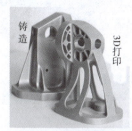

图 3-65　机翼支架外形对比

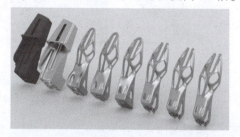

图 3-66　使用"拓扑优化设计+金属 3D 打印"研制敞篷车顶支架的过程

采用优化设计的方法实现制造轻量化，能够减少昂贵材料的使用量，缩短加工时间，为航空航天、汽车等机械轻量化零部件的制造提供解决方案。

6）快速模具制造

快速模具制造是以 3D 打印为核心并由其发展而来的一类模具快速制造的新方法、新工艺，目的是为开发、试制新产品及小批量生产提供快速、高精度和低成本的中小型模具。快速模具制造分为直接制造模具和间接制造模具。直接制造模具是指模具直接通过 3D 打印获得，如使用 LOM 技术直接制造模具（见图 3-67），可代替木模直接用于传统砂型铸造的母模，以及使用 3DP 技术直接制造砂芯等。间接制造模具即通过各种转换技术将 3D 打印的原型转换成各种快速模具，如硅橡胶模具、石膏模具、环氧树脂模具、陶瓷模具及低熔点合金模等。图 3-68 所示是使用 SLA 技术制作的戒指原型，其作为熔模铸造的消失模型，在此基础上得到石膏模型，进而得到金属戒指。

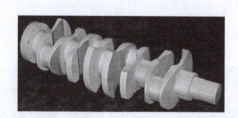

图 3-67　使用 LOM 技术直接制造模具

图 3-68　使用 SLA 技术制作的戒指原型

由于 3D 打印的自由设计和自由制造优势突破了传统模具加工的技术限制，因此可以制造具有特殊结构的模具，并根据模具形状设计随形冷却流道。随形冷却流道的应用大大提高了模具的冷却效率，使得制品冷却趋于均匀化，从而提高产品质量和生产效率。例如，图 3-69（a）所示为德国凯驰公司生产的清洁设备，其外壳为注塑成型。将该外壳原始注塑成型模具［见图 3-69（b）］改进为具有随形冷却功能的模具［见图 3-69（c），采用金属 3D 打印制造］，使每个塑料外壳制品的冷却时间缩短了 55%，注塑机效率提升了 40%。

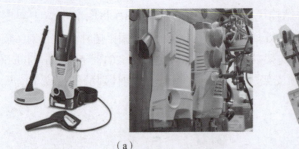
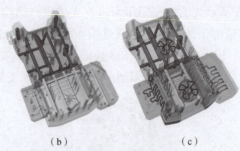

（a）　　　　　　　（b）　　　　　　　（c）

图 3-69　金属 3D 打印随形冷却注塑模具

（a）德国凯驰公司生产的清洁设备；（b）原始注塑成型模具；（c）具有随形冷却功能的模具

7）定制专用工装

工装指制造过程中所用的各种工具，包括夹具、量具、检具、辅具、钳工工具及工位器具等。工装往往呈现多品种、小批量的特点。如果用传统开模制造的方式，成本高、效率低，即使借助数控加工中心，有时候也会受制于各种加工限制（如边角加工不到位，孔洞结构不到位等）而无法直接得到适合需求的工装夹具。

3D 打印的出现，为工装的制造找到了新的快速准确的解决方案。3D 打印特别适合小批量、复杂工装的制造，其造型和结构能够更加匹配需要装夹的产品，装夹效果更好。而且，可以与前端的夹具设计无缝衔接，实现无模化制造。相比传统制造方式，3D 打印制造工装夹具，质量更好、周期更短、成本更低，不需要昂贵的存储空间，随用随做。如今，定制的 3D 打印夹具和固定装置在汽车生产线、医学设备生产、航空航天及其他重工业中的应用已成为普遍现象。

图 3-70 所示为 3D 打印的各种专用工装。其中，图 3-70（a）所示为手表夹具，可以方便地打开手表盖更换电池；图 3-70（b）所示为三坐标测量工装，能将零部件以最佳测量位置固定在测量平台上；图 3-70（c）所示为汽车格栅工装检具，可确保格栅在尺寸检测过程中能得到精准的数据，成本低、效率高、效果好；图 3-70（d）所示为针对装配工人推出的定制化组装支持工具，能够使装配操作更容易有效地执行，还可以保护工人拇指的安全。工业 3D 打印巨头 Stratasys 公司的研究表明，使用 3D 打印工装，从设计到打印完成投入使用，可以节省 40%～90% 的时间。

（a）　　　　　　　（b）　　　　　　　（c）　　　　　　　（d）

图 3-70　3D 打印的各种专用工装

（a）手表夹具；（b）三坐标测量工装；（c）汽车格栅工装检具；（d）组装支持工具

8）多材料零部件制造

多材料零部件又称异质材料零部件，是按产品的最优使用功能要求设计制造的零部件，一般是指由多种材料按一定分布规律组合而成的功能性零部件。这种零部件由于兼顾控形、控材和控性等优越特性，在航空航天、汽车工业、特种工业和医学工程等领域具有广阔的应用前景。

目前，随着多材料建模技术和成型技术的不断进步，3D打印已经突破了打印单一材料的局限，可以打印由多种材料按一定分布规律组合而成的功能性零部件，实现了零部件的多材质、多功能一体化制造，并在零部件接合结构、零部件强度和可靠性方面有着明显优势。

图3-71所示为NASA研制的轻质可重复使用的火箭推力室组件，其GRCop铜合金燃烧室直接将复杂的冷却流道设计到壳体的薄壁之间，采用SLM制作成型。带有一体化冷却流道的可重复利用喷管，采用的是JBK-75或HR-1高强度合金材料，以激光定向能量沉积技术（Directed Energy Deposition，DED）打印而成。燃烧室与喷管通过双金属接头耦合。在燃烧室后端用DED沉积双金属材料，实现从铜合金到高强度合金的过渡，优化组件和材料性能，并与燃烧室形成牢固的结合。双金属接头是可重复使用喷管的基础，可以帮助应对推力室总成中的所有结构和动态载荷的复杂挑战和要求。

喷管
双金属接头
燃烧室

图3-71 轻质可重复使用的火箭推力室组件

此外，电子多材料复合打印技术也越来越多地应用于电子产品的快速原型制造及电子器件的批量生产。该技术能够在打印过程中暂停，并嵌入其他部件，提高了电子产品设计灵活性。其应用范围包括印制电路板、天线、超声波传感器等。图3-72所示为移动设备的共形天线，是由德国Neotech AMT公司推出的电子多材料复合打印技术直接打印而成，减少了设备体积厚度，不需要模具。

图3-72 移动设备的共形天线

9）功能零部件修复

3D打印可以对高价值零部件进行修复。例如，基于激光熔覆技术的激光修复可对零部件表面、内部损伤进行快速修复，提高零部件使用寿命，降低生产与维护成本。零部件的加工误差、表面磨损、铸造缺陷及工作过程中的受损均可以通过激光修复方法进行尺寸、性能的恢复和提升。在工业模具、矿石、冶金、军工、核电、船舶和轨道交通等领域，如模具、叶片、辊轴、齿轮、阀座及框梁类零部件都有大量的修复需求。图3-73所示为用激光熔覆技术修复的齿轮。图 3-74 所示为用激光修复的高性能整体涡轮叶盘，该叶盘有一叶片受损，若将整个涡轮叶盘报废，直接经济损失高达百万元。采用激光修复，将叶盘作为基体，在受损部位进行激光立体成型，再用机加工使叶片的尺寸精度和表面粗糙度达到要求。这样就可以恢复叶片形状，且性能满足使用要求，甚至高于基材的使用性能。由于 3D 打印过程中的可控性，其修复带来的负面影响很有限。

图 3-73　用激光熔覆技术修复的齿轮

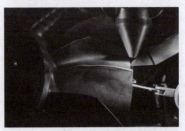

图 3-74　用激光修复的高性能整体涡轮叶盘

10）个性化零部件定制

2018 年，德国宝马公司将 3D 打印用于汽车个性化定制服务中。其旗下 MINI 汽车引入了 3D 打印定制的概念，车主可以通过专用的在线配置程序来设计内外饰配件，图 3-75 所示的车内装饰面板、侧舷窗、照明门槛条及 LED 水坑灯等个性化部件均由 3D 打印生产。随着汽车更新换代的频率加快，消费者对汽车个性化的追求，带动了一个极具潜力的汽车定制化服务市场的发展。在目前的汽车零部件大规模生产模式下，小批量、个性化生产的制造成本和时间成本昂贵，3D 打印生产小批量零部件时所具有的经济、高效的优势，为汽车个性化定制带来空间。例如，图 3-76 所示的造型复杂的轮毂以及兼具轻量化、安全性和舒适性的汽车镂空座椅等，无一不激发着人们对于汽车设计的全新思考。不仅在汽车制造业，在家电、消费品等行业，个性化定制同样具有广阔的应用前景。

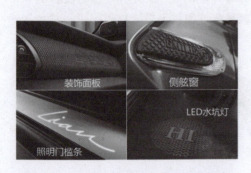

图 3-75　个性化定制汽车内外饰零部件

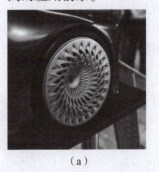

（a）　　　　　　　（b）

图 3-76　3D 打印的轮毂和座椅
（a）轮毂；（b）座椅

2. 3D 打印在生物医疗领域的应用

近年来，随着 3D 打印的发展和精准化、个性化医疗需求的增长，3D 打印在生物医疗行业应用得到了显著发展。按照应用的风险程度，可将其分为 4 个层次：医学模型及手术器械、个性化手术导板及医疗辅助工具、骨科植入体和牙科植入体、组织工程产品和人体器官，如图 3-77 所示。

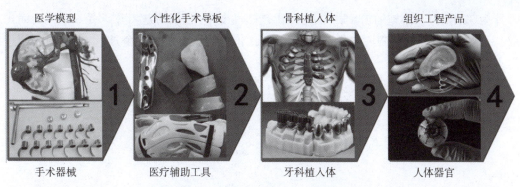

医学模型　　个性化手术导板　　骨科植入体　　组织工程产品

手术器械　　医疗辅助工具　　牙科植入体　　人体器官

图 3-77　3D 打印在生物医疗领域的应用

下面主要介绍前两个层次的应用。

1）医学模型及手术器械

（1）医学模型。

利用 3D 打印，可将 CT 或 MRI 采集的影像数据信息打印成实体医学模型。与二维影像或计算机模拟 3D 图像相比，实体医学模型能更加逼真、精确地反映其内部结构，提供更全面的信息，可作为医学模型（教学模型和手术模型）。教学模型可使教学讲解与学习更为明确和透彻；手术模型可以帮助医生进行精准的手术规划和演练，以提高手术精度和成功率，同时方便医生与患者就手术方案进行直观的沟通。图 3-78 所示为河北大学附属医院使用 SLA 技术制作的透明全彩肝脏模型，能够清晰展现肝脏内肿瘤和完整的血管网，完全可以胜任辅助高难度、精准化、个性化的肝胆外科手术的工作。图 3-79 所示为美国 Lazarus 3D 公司使用 3D 打印制作的硅胶器官模型。这种模型根据患者器官 3D 扫描数据定制，并能提供不同级别的柔软度。模型可以轻易地被切开，甚至会流"血"。外科医生可利用这样的模型制定手术方案并进行手术模拟。

图 3-78　使用 SLA 技术制作的透明全彩肝脏模型　　图 3-79　使用 3D 打印制作的硅胶器官模型

（2）手术器械。

使用 3D 打印可以快速定制形状复杂的外科手术器械。图 3-80 所示为德国医疗器械公司 Endocon GmbH 推出的一款可以重复使用的手术器械——髋臼杯切割器 endoCupcut。该切割器帮助外科医生在髋关节置换手术中，无须再依靠传统的凿子来移除松动、磨损的髋臼杯。高精度的刀片沿着髋臼杯的边缘精确切割，不会造成骨骼和组织损坏或者导致表面不平整，能够方便地松动和提取需要替换的髋臼杯，并将相同尺寸的髋臼杯植入患者体内。这款器械的使用可将手术时间从 1.5 h 减少到 3 min。endoCupcut 配备多达 15 个由不锈钢制成的 3D 打印刀片，尺寸范围为 44~72 mm。这些刀片采用 DMLS 制造，硬度为 42±2HRC（传统铸造刀片为 32HRC），需施加 1.8 kN 的力才出现塑性变形（传统铸造刀片承受 600 N 力时出现裂纹），耐蚀性也较好。制造一套刀片只需 3 周（传统铸造刀片需 3 个月），并且成本较传统铸造刀片要低 40%～45%。

图 3-80　髋臼杯切割器 endoCupcut

2）个性化手术导板及医疗辅助工具

（1）个性化手术导板。

手术导板是医生在手术中辅助手术的重要工具，其作用是准确定位手术中使用的手术器械，保证手术预规划方案的顺利实施。3D 打印可以定制个性化的手术导板。借助这些导板，医生可以更轻易、精准地实施手术，降低手术风险并缩短手术时间。例如，股骨颈骨折复位固定手术，需要按照特定的角度置钉至股骨颈中心，才可以达到矫正目的。该角度定位难度大，采用 3D 打印的股骨颈置钉定位导板（见图 3-81），可以精确定位固定钉，一次性达到最优置钉效果，避免反复多次置钉对股骨造成二次伤害。

（2）医疗辅助工具。

3D 打印还能应用于外骨骼支架、个体化假体等医疗辅助工具的制备。图 3-82 所示为 3D 打印轻量级外骨骼支架的实例。先用 X 光确定病人骨折部位，再用 3D 扫描确定断裂的精确位置和骨折的肢体尺寸，最后 3D 打印出镂空的、能够贴合肢体并提供有效支撑保护的外骨骼支架。该支架具有轻质、透气、可清洗的特点。图 3-83 所示为 3D 打印的个性化假体，让假肢制造实现定制化。传统假肢难以制作且价格昂贵，3D 打印制造的假肢制作简便、轻质价廉，整体美观度高，实用性也更强。最重要的是，用户可以根据自己截肢部位的结构进行定制，外形和功能兼具。图 3-83（a）所示为用 3D 打印为用户定制的假肢手连杆。这款假肢手连杆与指节根据原生手指的屈伸运动过程设计，使其在自然屈伸过程中良好地耦合原生手指的运动轨迹。相比于传统假肢手单一的抓捏方式，这种假肢的抓握方式多变，自适应能力强，能够重现原生手指的部分功能与抓握特点；同时假肢受力更加均匀，增加抓握动作的稳定性。图 3-83（b）所示的假肢外壳采用工业级 3D 打印机制造，运用 3D 扫描的技术对患者健全腿进行扫描，以获得与之对称的、准确而美观的假肢外壳的数字模型，从而使打印出的成品呈现自然的肌肉组织形态。然后用高强度磁铁将其固定在假肢的表面，使用者可以轻松并且随意的更换自己喜欢的假肢，搭配不同着装来选择"适合的"小腿。

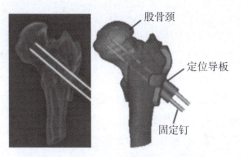

图 3-81　3D 打印股骨颈置钉定位导板

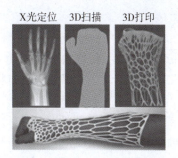

图 3-82　3D 打印外骨骼支架的实例

（a）

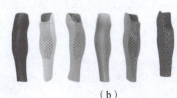

（b）

图 3-83　3D 打印的个性化假肢
（a）假肢手连杆；（b）假肢外壳

3. 3D 打印在其他领域的应用

3D 打印正在逐渐深入到人们日常生活的方方面面，如建筑、服装、制鞋、珠宝首饰、食品等。

1）建筑

3D 打印在建筑领域的应用主要集中在建筑设计阶段和工程施工阶段。

在建筑设计阶段，用户们能够运用 3D 打印快速制造出建筑的设计模型（见图 3-84），进行建筑总体布局、结构方案的展示和评价，对建筑创意想法进行实践，提高了实施多种不同建筑类型的可行性，对现实的施工具有较强的指导作用。同时，还能够对部分特殊设计提前做出有效的预估，获得最直观的感受，并提前设定好相应的辅助措施。

在工程施工阶段，可以用水泥、陶瓷、石膏、黏土、石灰、聚合物和金属等材料打印出建筑构件，再进行拼装。与传统建筑技术相比，3D 打印的优势主要体现在以下方面：可以显著缩短工期，降低材料成本；减少建筑垃圾和粉尘，更加低碳、绿色和环保；不需要大量的建筑工人，降低人工成本，大大提高生产效率，不但可以打印出内部结构做到最优化的高强度、轻质的建筑物，而且可以打印出传统建筑技术很难建造的高成本曲面建筑。图 3-85 所示为 3D 打印的墙体，可打印成隔热保暖的蜂窝结构，还能预留预埋电线槽和管道通路等。图 3-86 所示为 3D 打印的房屋。

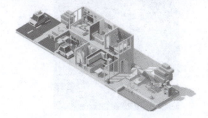

图 3-84　3D 打印的建筑模型

图 3-85　3D 打印的墙体

图 3-86　3D 打印的房屋

2）服装

早在 2010 年，3D 打印的尼龙材料时装就在阿姆斯特丹时装周亮相，给人们带来了焕然一新的视觉冲击。与传统的服装相比，3D 打印的服装使用 3D 人体测量、CAD 等技术，可以完全服帖身形设计，实现了以往布料难以塑造的立体造型，给了用户充分的想象空间，能够让用户在产品形态创意和功能创新方面不受约束。同时，可以根据客户不同的需求，实现"单量单裁"服装定制。此外，3D 打印的服装省去了传统制造工艺的多道工序，大大缩短了生产周期，在几天内就可完成定制服装的交货，使库存周转期大幅缩短。

图 3-87 所示为 3D 打印的夜光礼服，由光纤材料制作而成，内置高强度 LED 灯。图 3-88 所示的连衣裙是根据 CAD 建立的 3D 模型，用上千个大小各异的塑料三角片拼合而成的，质地贴近普通布料，贴身又有形。图 3-89 所示的背心是用尼龙粉末材料，用 SLS 设备打印而成。

  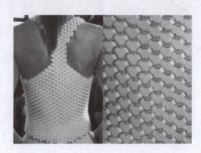

图 3-87　3D 打印的夜光礼服　　**图 3-88　3D 打印的连衣裙**　　**图 3-89　用 SLS 设备打印的背心**

3）制鞋

3D 打印在鞋子的设计、生产及个性化定制等方面快速发展。图 3-90 所示为 3D 打印的各种鞋子。该技术以一种全新制造模式来突破鞋子的设计极限，能够让用户运用参数化设计创造出具有美感的结构，自由地释放自己的创意，灵活修改设计方案。同时，3D 打印创建出全新的制造方法，不需要任何模具或机械加工，开发流程更直观、高效，大大缩短了样品开发时间，提高了样品的精准度，而且可以实现不同消费者个性化定制鞋子的需求，尤其是在运动鞋定制方面。运用精确的 3D 扫描技术测量使用者的脚部数据，并采集运动过程中足底压力动态分布区域和压力大小的数据，通过 3D 制作软件构建出数据模型，能够根据个人的体重、脚型、跑步姿态、落地方式的不同，制作出匹配个人运动特点的运动鞋。图 3-91 所示为 NIKE 公司推出的一款球鞋。球鞋基板（鞋底）及由其延伸出的图案均由 3D 打印。该鞋重约 30 g，能使运动员获得更快的速度和更强的爆发力。除此之外，还添加了其他性能，优化脚部的生物机械运动。

图 3-90　3D 打印的各种鞋子　　　　　　**图 3-91　NIKE 公司的 3D 打印球鞋**

4）珠宝首饰

3D打印作为具有代表性的前沿技术之一，逐渐用于珠宝行业产品的设计与制造，以满足消费者不断增长的个性化、定制化需求。根据设计需求，可以应用多种不同材料来进行3D打印，如图3-92所示。目前，3D打印在珠宝首饰制造中的应用主要分为两类，一类是间接制造，即先通过3D打印蜡或树脂制造出熔模铸造所使用的母模，轻松实现镂空图案，然后再应用失蜡法等工艺将贵金属浇注翻模，并进行简单后期加工处理，即可得到珠宝首饰成品。另一类是直接制造，采用SLS技术直接打印出贵金属实体模型，其技术含量和成本较高。与间接制造相比，直接制造首饰实现了真正意义上的自由设计。虽然目前还处于初级阶段，但随着贵金属打印设备和材料（如玫瑰金、人造白金、银和铂等金属粉材）的研发成功，其未来市场发展空间将非常大。

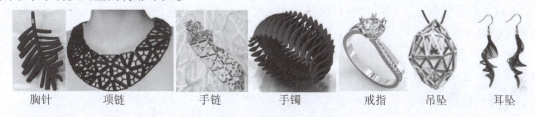

胸针　　　项链　　　　手链　　　　手镯　　　　戒指　　　　吊坠　　　　耳坠

图3-92　3D打印的各种首饰

5）食品

在食品加工工业，3D打印悄然带来了一场变革。食品3D打印具有形状多样、个性化、营养、安全等优点，不但能够做出传统工艺难以达到的造型效果，而且可以根据不同人群（如青少年、老人、孕妇和病人）身体的不同需要，精确调整食物中碳水化合物、蛋白质、色素、调味剂及微量元素等各成分的比例，均衡日常膳食营养。此外，通过3D打印，还可以改变食品内部组织结构，使食物质地松软，容易咀嚼吞咽、高效吸收。目前，3D打印的食品主要有6类：糖果（巧克力、杏仁糖、口香糖、软糖、果冻）；烘焙食品（饼干、蛋糕、甜点）；零食产品（薯片、可口的小吃）；水果和蔬菜产品（各种水果泥、水果汁、蔬菜水果果冻或凝胶）；肉制品（不同的酱和肉类品）；奶制品（奶酪或酸奶）。图3-93所示为3D打印的各种食物。

煎饼　　　　　披萨　　　　　糖果　　　　　蛋糕　　　　　肉制品

图3-93　3D打印的各种食品

除了上述应用之外，3D打印在文化领域，如玩具设计与验证、动漫模型制作、文物修复与复制、各种工艺品和文体娱乐用品生产等方面的应用也越来越广。

3.6　3D 打印的未来展望

3.6.1　3D 打印的优点

3D 打印的发展和应用给社会带来了诸多益处，它具有以下优点。

1. 制造变革

（1）个性化制造：3D 打印使得根据个体需求和喜好制造定制化产品成为可能，满足个性化需求。

（2）去中心化制造：制造过程可以从集中式工厂转移到本地，甚至家庭，改变了传统制造业的格局。

（3）缩短制造周期：3D 打印直接从数字模型中生成物体，避免了传统制造流程，使制造过程更加高效灵活，缩短了产品开发周期。

2. 经济颠覆

（1）减少物流成本：在本地制造产品，减少了物流和运输成本，提高了效率。

（2）分散经济：去中心化的制造模式促进创新和创业，使更多人有机会参与经济活动，推动分散经济的发展。

3. 医疗和健康

（1）生物打印器官和组织：用于制造人工器官和组织，解决器官移植等医疗挑战。

（2）个性化医疗器械和药物：根据患者具体情况制造个性化医疗器械和药物，提供更精确有效的治疗。

4. 可持续发展

（1）减少资源浪费：根据需要定制产品，减少过度生产和资源浪费。

（2）循环经济：废弃产品和材料可用于再生，通过 3D 打印进行回收和再利用，促进循环经济发展。

5. 教育和创新

（1）制造教育革命：在学校和教育机构中应用，培养学生的创造思维和实践能力。

（2）创新驱动：提供创新平台，推动科学研究、设计和艺术领域的创新。

（3）新的技术带来新的机会，国家与个人都应当把握时机，积极利用 3D 打印，在促进经济发展、提升公共服务水平、保护环境和推动创新创业等方面获得长足的进步。

3.6.2　3D 打印的缺点

尽管 3D 打印带来了许多积极影响，但也存在一些挑战和问题，以下是一些主要缺点。

1. 知识产权和版权保护

知识产权和版权：3D 打印使复制物体变得容易，如何保护设计师权益和控制产品复制成为重要问题。

2. 安全和道德问题

(1)制造武器和非法物品：个人使用 3D 打印制造武器或非法物品的可能性引发安全和法律担忧，需要制定相应监管机制。

(2)生物科技和道德考量：涉及使用人类细胞和动物细胞的伦理问题，生物打印器官的使用和分配也涉及伦理道德问题。

3. 环境可持续性和废物管理

资源利用和废物减少：尽管减少了过度生产，但 3D 打印仍面临废物管理和环境可持续性挑战，特别是塑料等材料的回收和再利用问题。

4. 社会影响和经济结构变化

(1)就业和职业结构调整：对传统制造业和相关行业产生冲击，导致部分岗位减少或消失，对就业和经济结构带来重要影响。

(2)经济形式变更：尽管促进了创新和创业，但也需要解决潜在的不平等问题。

(3)供应链管理挑战：物体在需要的地方制造，减少了物流和库存成本，对供应链管理提出了新的挑战。

面对这些变化和挑战，社会需要积极应对，制定相应的政策、法规和准则，以确保 3D 打印的发展和应用符合道德和社会价值，推动人类福祉的可持续发展。

第4章
熔模铸造详解

4.1 概 述

铸造是人类掌握比较早的一种金属热加工工艺，已有约 6000 年的历史。中国在公元前 1700～前 1000 年之间已进入青铜铸件的全盛期，工艺上已达到相当高的水平。铸造是指将固态金属熔化为液态倒入特定形状的铸型，待其凝固成型的加工方式。被铸金属可以是铜、铁、铝、锡、铅等，普通铸型的材料是原砂、黏土、水玻璃、树脂及其他辅助材料，特种铸造使用较少或不使用砂作为铸型材料，如熔模铸造、消失模铸造、金属型铸造、陶瓷型铸造等。

熔模铸造是工业上用于制作复杂金属零部件的一种工艺，尺寸精度较高，后续机械加工工作量较少，适用于在短时间内制作结构较为复杂的工艺品及学生的实践动手操作。

4.1.1 熔模铸造的定义

熔模铸造是铸造工艺的一种，就是用易熔材料(如蜡料或塑料)制成可熔性模型(简称熔模或模型)，在其上涂覆若干层特制的耐火涂料，经过干燥和硬化形成一个整体型壳后，再用蒸汽或热水从型壳中熔掉模型，然后把型壳置于砂箱中，在其四周填充干砂造型，最后将铸型放入焙烧炉中经过高温焙烧(如采用高强度型壳，可不必造型而将脱模后的型壳直接焙烧)，铸型或型壳经焙烧后，于其中浇注熔融金属而得到铸件。

由于用这种方法所得到铸件的尺寸精确、棱角清晰、表面光滑、接近于零部件的最终形状，因而是一种近净成形铸造工艺，故又称为熔模精密铸造。

4.1.2 熔模铸造的发展历史

我国的失蜡法流行于春秋战国以来。河南淅川下寺 2 号楚墓出土的春秋时代的云纹铜禁是迄今所知的最早的失蜡法铸件。此铜禁四边及侧面均饰透雕云纹，四周有 12 个龙形怪兽，下部有 12 只虎形怪兽。透雕纹饰繁复多变，外形华丽而庄重，反映出春秋中期我国的失蜡法已经比较成熟。战国、秦汉以后，失蜡法更为流行，尤其是隋唐至明、清期间，铸造青铜器采用的多是失蜡法。

用这种方法铸出的铜器既无范痕，又无垫片的痕迹，用它铸造镂空的器物效果更佳。中国传统的熔模铸造对世界的冶金发展有很大的影响。现代工业的熔模精密铸造，就是从传统的失蜡法发展而来的。虽然无论在所用蜡料、制模、造型材料、工艺等方面，它们都有很大的不同，但是它们的原理是一致的。

20世纪40年代中期，美国工程师奥斯汀（Austin）创立现代熔模精密铸造技术时，曾从中国传统失蜡法得到启示。1955年，奥斯汀实验室提出是他们首创失蜡法的说法，日本学者鹿取一男根据中国和日本历史上使用失蜡法的事实提出反对意见，并且最后取得胜利。

我国于20世纪50年代开始将熔模精密铸造应用于工业生产。其后，这种先进的精密铸造工艺得到巨大的发展，相继在航空、汽车、机床、船舶、内燃机、汽轮机、通信仪器、武器、医疗器械及刀具等制造工业中被广泛采用，同时也用于工艺美术品的制造。

从国家的宏观政策、行业发展、国际和国内的市场容量来看，大型精密复杂熔模铸造模具和压铸模具的国际、国内的市场很大，同时，我国的熔模铸造模具用料考究、制作精良、尺寸精度高、符合客户标准要求、使用寿命和铸件质量达到了国际先进水平，而且具有明显的价格优势。

我国制造的熔模铸造模具集中出口到欧洲、北美、日本、韩国等地，部分企业出口的模具量已占总产值的30%以上。

据悉，我国出口到欧洲的汽车油底盘压铸模由于价格优势强、设计先进、制作精湛等优点，普遍得到外商认可，一再收到追加订单。

4.1.3 熔模铸造的成就

古往今来，文明的脉络在历史的长河中渐次展开，万千文物如珍珠般闪烁着历史的光芒，它们是时间的见证，也是古人智慧的结晶。在那些沉睡的器物中，蕴藏着无数神奇的工艺技术，令人叹为观止。

在那些古老的器物上，我们能够感受到古代匠人的智慧与巧思。铜器上的纹饰，如画卷般展现着古代铸造工艺的精湛；玉石雕刻出的细腻与光泽，仿佛是大自然赋予的奇迹；丝绸的柔软与光滑，以及锦绣的图案，无一不彰显出古代纺织工艺的独特魅力。下面对古代一些铸造成果进行简单介绍。

1. 后母戊鼎

后母戊鼎（见图4-1）是已知的中国古代最重的青铜器，铸造此鼎所需的金属原料超过1 000 kg。鼎身与四足为整体铸造，鼎耳则是在鼎身铸成之后，再装范浇铸而成。

后母戊鼎在塑造泥模、翻制陶范、合范灌注等环节中存在一系列复杂的技术问题。以下是专家推测后母戊鼎的具体铸造过程。

（1）确定鼎的造型、尺寸、纹饰并设计陶范模型。对于后母戊鼎，当时用了几块陶范，不同的专家有不同的见解，流传较广的是由4块鼎腹（内嵌24块分范）、1块鼎范、1个芯、1个底及4块浇口范组成。

（2）制造陶范模型。先制作母范，在母范的基础上制作外范，再在外范的基础上制作内范（芯）。内范与外范之间会有空腔，形成的空腔就是最终的铸件。

（3）在内外范之间浇注铜液。后母戊鼎重达800多kg，需要的铜液至少1 000 kg，这么多的铜液在当时是如何一次性浇铸成功的，目前还没有结论。

（4）冷却、脱范修整。由于后母戊鼎的器壁比器足薄得多，因此器壁冷却得快，这样器足与器身会很容易出现断裂，因此，后母戊鼎的足在最末端有一段实心，也短一些，从而可以在一定程度上使内部的铜液同时冷却。冷却后，除去内外范，再用砂纸等工具打磨修整。

图 4-1　后母戊鼎（曾用名司母戊鼎）

古人如何掌握合适的铜锡配比？经光谱定性分析与化学分析，确定后母戊鼎含铜84.77%、锡11.64%、铅2.79%，与战国时期成书的《考工记》所记（铜锡比例为6∶1，即铜占85.71%，锡占14.29%）基本相符，可见当时已有成熟的铸造规范。

2. 云纹铜禁

云纹铜禁（见图4-2）四周装饰有透雕的多层云纹并攀附着12条龙形怪兽，造型布局严谨，错落有致，铸造工艺之复杂，令人惊叹不已。

云纹铜禁是我国发现的最早的失蜡法铸件，它的出土将我国熔模铸造工艺的历史提前了2 000多年。失蜡法是我国古代发明的三大铸造方法之一，它是利用蜡的可熔性来铸造结构复杂且不易分离的部件，用地坑造型，模料由蜡和牛油配制，造型材料为三合土和炭沫泥，所用蜡料和铜料的比例为1∶10。

图 4-2　云纹铜禁

失蜡法铸造的具体做法是：首先用容易熔化的材料，如蜂蜡、牛油等制成所铸器物的模型；其次用其他耐火材料填充泥芯和敷成外范；然后加热烘烤，蜡模全部熔化流失后，使整个铸件模型变成空壳；最后往内浇灌熔液，铸成器物。以失蜡法铸造的器物可以玲珑剔透，有镂空的效果。

3. 莲鹤方壶

莲鹤方壶（见图 4-3）是用泥土作为模型，经焙烧、翻制陶范、零部件分别预铸、整体合铸而成的。莲鹤铸在一块平板上，可以单独取下，20 个莲花瓣先预铸，再与盖的主体范拼合浅铸。双耳及杯、腹四角飞龙、颈前后蟠龙以及二龙足都是预先铸成，再与器的主体合铸。壶顶的仙鹤和双龙耳与器身主体都是采用分铸法制成的。这种在器壁处预铸凸榫、插入附件内的做法也是春秋战国时期较为常见的工艺。

图 4-3　莲鹤方壶

莲鹤方壶的整个装饰工艺中采用了圆雕、浅浮雕、细刻、焊接等多种技法，壶身上的纹饰制作为浅浮雕工艺，结构复杂、铸造精美，堪称是春秋时期青铜工艺的典范之作。

4. 曾侯乙编钟

曾侯乙编钟（见图 4-4）用浑铸和分铸法铸成，采用了铜焊、铸镶、错金等工艺，通过圆雕、浮雕、阴刻、髹漆彩绘等技法装饰，以赤、黑、黄色与青铜本色相映衬，显得庄重肃穆，精美壮观。

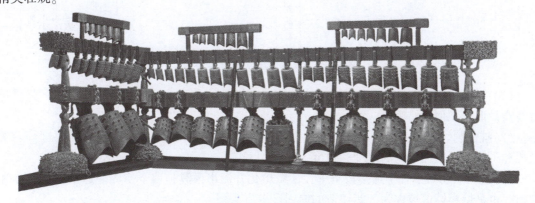

图 4-4　曾侯乙编钟

曾侯乙编钟由钮钟、甬钟组成。钮钟制作比较简单，为双面范铸。甬钟的制作要求较高，采用分范合铸工艺。以中层第三组第一钟为例，甬钟铸型由范、芯共 126 块组成。如此复杂的工艺，若非工匠对分范合铸技术的娴熟掌握和应用，是绝对达不到理想效果的。曾侯乙编钟的铸制过程，显示了科学的、系统的理性知识。

曾侯乙编钟之所以能成为乐钟，关键在于它恰当地运用了合金材料，在科学配比的基础上，采用了复合陶范铸造、铅锡为模料的熔模法，加上钟壁厚度的合理设计、鼓部钟腔内的音脊设置和炉火纯青的热处理技术，使铸件形成合瓦形，产生双音区，构成共振腔，实现编钟的浮雕花饰，从而对其所在的振动区起到负载作用，能够加速高频的衰减，有助于编钟进入稳态振动。

曾侯乙编钟代表了中国先秦礼乐文明与青铜器铸造技术的最高成就。

4.2 熔模铸造的工艺流程和工艺特点

4.2.1 工艺流程

图 4-5 所示为工业熔模铸造的工艺流程，真实生产中未必会严格按照该流程进行操作，但其中部分关键的流程必不可少，其中重要步骤的具体介绍如下。

（1）模具制作。根据需要铸造的零部件设计制作模具。模具通常由耐火材料制成，并且可以承受高温。模具可以是单个模型或由多个组件组成，以便于模具脱蜡和金属注入。

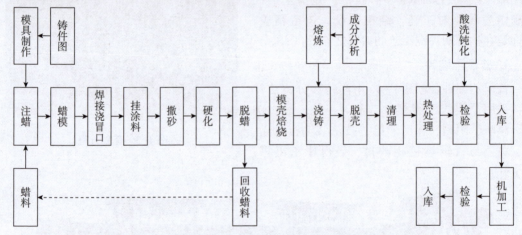

图 4-5　工业熔模铸造的工艺流程

（2）注蜡。在模具中注入液态蜡，使其填充到模具的空腔中。待蜡冷却凝固后，获得与最终产品形状相似的蜡模。

（3）挂涂料。将耐火材料的壳料涂覆在蜡模上，形成一个耐火外壳。通常需要进行多次涂覆和干燥，以增加外壳的厚度和强度。

（4）脱蜡。将蜡模置于加热设备中，使蜡熔化并流出模具，留下空腔。这个过程被称为脱蜡，也是熔模铸造被称为失蜡铸造的原因。

（5）模壳焙烧。将整个模具放入高温炉中，使壳料烧结，并将残留的蜡完全燃尽，形成坚硬的耐火外壳。这个过程也被称为烧结或烧蜡。

（6）浇铸。将熔融金属倒入模具，填充到空腔中。金属在模具中冷却凝固，形成最终产品的铸件。

（7）脱壳。待金属冷却后，敲击或用机械力将外壳敲碎，取出铸件。

(8)清理。从铸件上去除与模具相连的余料，如浇口和喷杆等。根据需要，对铸件进行加工、修整、调整和表面处理，以达到最终所需的形状、尺寸和性能。

其中，部分步骤可合并，部分步骤又可进一步细化。结合具体课程实际，这里将熔模铸造的工艺流程具体归纳为以下几步。

1. 蜡模制作

熔模也就是产品的原型，工业上常用的熔模是蜡模，将蜡料经高温熔化后压入模具型腔（通常需要借助真空注蜡机等设备），待蜡料冷却成型后取出形成蜡模。

熔模铸造中的蜡模制作是一个关键步骤，它用于创建金属零部件的内部空腔形状。下面是关于蜡模制作的详细介绍。

1）蜡模材料选择

蜡模通常使用聚合物蜡（如聚乙烯、聚丙烯等）制成。这些蜡料具有低熔点和高黏度的特点，在加热后可以流动并填充型的空腔。

2）蜡模注入

根据所需零部件的3D模型或实物样品制作一个负模型（也称为模具）。负模型可以由耐高温硅胶或其他材料制成。将熔化的蜡材料注入到负模型中，使其填满负模型的空腔。

注入过程需要控制温度和速度，以确保蜡模填充均匀且没有气泡。

3）蜡模固化

一旦蜡模填充完毕，需要让蜡模冷却和硬化，使其保持所需的形状和尺寸。

固化过程可以通过自然冷却或在冷水中浸泡来加速。

2. 修整蜡模

蜡模即产品的原型，其上任何缺陷或者与设计尺寸形状不同之处都将体现在铸造出来的产品上。因此，待蜡模完全固化后，需要对其进行修整和清理，以去除任何不规则或多余的部分。

相对而言，修整蜡膜比修整铸造出来的金属产品容易得多，因此应先对蜡模进行修整后再进行下一步操作。一般地，修整蜡模就是使用工具如刀具、砂纸等，将蜡模表面打磨和修整至所需的形状和平滑度，修复蜡模表面的一些外观和尺寸缺陷，如批缝、注蜡嘴、流纹、尺寸偏差等。

3. 蜡模组树

根据设计要求，多个蜡模可以组装在一起，形成一个完整的模具系统。这些蜡模可以通过针或其他方法连接在一起，以确保它们在铸造过程中保持正确的位置和形状。组树焊接是将修好了的蜡模按照一定的顺序进行焊接，形成浇注系统。通常对于较大的零部件，选择在某些部位上面焊接一定的蜡块或者蜡棒作为浇道，从而便于后续熔融金属液能够顺利填充到每一个部位；对于较小的零部件，为了提高加工效率，可通过将蜡块和蜡棒焊接成一体，实现一次浇注多个零部件的目的。由于多个零部件焊接在一起，形成类似一棵大树的形状，因此叫蜡模组树。

4. 制壳（多层反复）

蜡模制作的目的是生成一个可用于金属铸造的模型，它提供了内部空腔形状，并在铸造过程中被金属液体填充。

制壳是指在制备金属零部件之前，将蜡模包覆在其外部以形成耐火外壳的步骤。这个过程也被称为投资模铸造或失蜡法。下面是关于制壳的详细介绍。

1）涂料涂布

将蜡模悬挂在一个支撑架上，以便在后续过程中涂布液体材料。使用特殊的涂料，如硅酸盐涂料或石膏砂浆，涂抹整个蜡模表面。这一涂料层将成为最终的耐火外壳，保护蜡模免受高温和金属液体的侵蚀。

2）黏结剂和填充剂涂布

涂布完毕后，通常会再次涂布一层黏结剂，以增加外壳的黏结强度。

填充剂也会在涂布过程中添加，以增加外壳的密实性和耐火性能。填充剂通常是细粉末，如石英粉、陶瓷粉等。

3）耐火外壳干燥

涂布完毕后，耐火外壳需要进行干燥，以去除水分和增强外壳的结构稳定性。

干燥过程通常在室温下进行，可以使用自然风干或通过烘箱等设备加速干燥。

4）壳模加固

一旦耐火外壳干燥完成，需要对其进行加固处理，以提高其强度和耐振性。

加固可以通过多次涂布涂料和填充剂重复进行，逐渐增厚外壳，并在每次涂布之间进行干燥。

5）壳模烧结

加固完成后，需要对整个壳模进行烧结处理，使其更加坚硬和耐火。

烧结通常在高温环境下进行，将壳模放入烘炉中，使其达到一定的温度，并保持一段时间。

6）蜡模熔化

经过烧结后，需要将壳模中的蜡模熔化并排出，以形成内部空腔，用于注入金属液体。这一步通过将整个壳模放入烘箱或熔炉中进行加热，使蜡模熔化并从壳模中流出。

5. 脱蜡（回收处理）

脱蜡是制壳中的一个关键步骤，它涉及将蜡模从耐火外壳中熔化和排出，以形成内部空腔，以便后续注入熔融金属。下面是关于脱蜡的详细介绍。

1）加热设备选择

蜡熔化一般通过加热设备实现，如烘箱、熔炉或特殊的蜡熔化设备。

加热设备应能提供足够的温度和控制，以使蜡模能够均匀熔化并从壳模中流出。

2）壳模预热

在进行蜡熔化之前，通常需要对整个壳模进行预热，以确保蜡模能够充分熔化而不冷凝或结固。

预热温度取决于所使用的蜡模材料，通常在蜡的熔点以上进行预热。

3）壳模加热

当壳模预热达到所需温度后，可以将其放入加热设备中进行进一步加热。

加热设备的温度应足够高，以使蜡模迅速达到熔点并流动。

4）蜡模熔化

随着壳模加热，蜡模开始熔化。蜡模在壳模内部形成液态状态，并通过壳模的出口排出。

整个过程需要控制加热温度和时间，以确保蜡模完全熔化，并避免对壳模或铸件外表面产生不良影响。

5）蜡模排出

一旦蜡模完全熔化，它会通过壳模的出口自然排出。通常，可以使用重力、倾斜或振动等方法帮助蜡模排出。

排出的蜡模可通过管道或其他收集装置导入回收系统，以便进一步处理或重新利用。

6）壳模清洁

在蜡模排出后，需要对壳模进行清洁，以去除残留的蜡或其他杂质。

清洁过程可以使用溶剂、水洗或机械刷洗等方法进行。

完成蜡模熔化和壳模清洁后，得到干净的空腔，以备后续注入熔融金属。

脱蜡是熔模铸造过程中的关键步骤之一，它确保了金属铸件内部的空腔形成，并为注入熔融金属创造了条件。控制蜡熔化的温度、时间和流动性对于铸件质量和精度至关重要。脱蜡的最后一步壳模清洁在有些时候也会省略，以便型壳的热壳浇注工艺的进行。

6. 焙烧型壳

干燥后，焙烧型壳需要进行高温烧结处理，以提高其强度和耐火性能。焙烧的温度和时间取决于所使用的材料，通常在材料的烧结温度范围内进行。焙烧会使焙烧型壳更加坚硬和耐火，以承受金属液体的压力和高温环境。焙烧型壳的目的主要是烧掉模壳中残留的蜡料和水分，提升型壳硬度。同时，精密铸造是在型壳温度较高的状态下浇注，通常将模壳在 $1\,000\,℃$ 左右焙烧 $1\sim2\,h$，目的是减小金属液和型壳的温度差，提高金属的流动性能和充型能力。

7. 熔炼浇注

熔炼浇注是将金属材料熔化后，通过浇注到蜡模所形成的耐火外壳中，以制造金属铸件。按照产品的材质成分进行配料，然后进行金属液熔炼、除渣、光谱测试，成分合格后就可以浇注。需要在型壳温度较高的状态下严格按照工艺的要求将金属液浇入模壳，逐渐形成毛坯。在实践课程中，直接选用合适的原材料进行高温熔化，然后使用自动化或者半自动化浇注机将金属液浇注到焙烧好的石膏型壳中。一般来说，石膏型壳在浇注时需要保证在一定的高温状态下进行，以确保金属的流动性较好。下面是关于熔炼浇注的详细介绍。

1）熔炼金属

选择合适的金属材料，并将其放入炉中进行熔炼。

熔炼设备通常是一种称为铸造炉的设备，可以产生足够高的温度，使金属完全熔化。

熔炼过程中需要控制温度、熔化时间和熔化顺序，以确保金属完全熔化并达到所需的化学成分和温度。

2）净化和除气

在熔炼过程中，金属可能含有杂质、气体和不熔性物质，这些都会对铸件质量产生不良影响。

为了净化金属，可以添加一些净化剂或炼钢剂，在炉中搅拌或加热的同时去除杂质。

同时，通过炉顶或其他设备引入惰性气体（如氩气），以减少金属中的氧气和其他气体含量，避免出现气孔等缺陷。

3）铸道系统

在熔模铸造中，铸件需要通过铸道系统连接到耐火外壳中的蜡模。

铸道系统通常由浇口、进水道和液态金属在壳模中流动的路径组成。

设计合理的铸道系统可以确保金属能够均匀地注入壳模，并避免不良的灌注现象。

4）浇注

当熔炼金属完全熔化且净化后，可以开始进行浇注步骤。

将熔融金属从铸造炉中倒入预先准备好的浇注设备（如浇注杯）中。控制浇注速度和压力，使金属沿着铸道系统流入耐火外壳中的蜡模空腔。

在浇注过程中，需要注意温度、流动性和铸造的时间，以确保金属填充完整且均匀。

5）冷却和凝固

一旦金属注入蜡模空腔后，就可以开始冷却和凝固步骤。

在凝固过程中，金属逐渐从液态转变为固态，在这个过程中会释放出热量。

冷却时间取决于铸件的尺寸、形状和金属类型，通常需要等待足够长的时间，以确保铸件完全凝固并达到所需的机械性能。

8. 脱壳清洗

脱壳清洗是将金属铸件从熔模铸造过程中使用的耐火外壳（壳模）中取出，并对其进行清洗和处理，以去除残留物、杂质和表面缺陷。下面是关于脱壳清洗的详细介绍。

1）壳模破碎

在脱壳清洗过程中，壳模需要被破碎以将金属铸件暴露出来。

壳模可以通过机械方式（如敲击、振动或冲击）或化学方式（如使用酸性溶液）进行破碎。破碎后，壳模的残渣会与金属铸件分离，暴露出完整的铸件表面。

2）清洗和除杂

一旦金属铸件暴露在外，就可以进行清洗和除杂步骤。

清洗可以通过水冲洗、喷洗或浸泡在溶剂中来完成。这有助于去除残留的壳模材料、脱模剂和其他杂质。

除杂即通过机械处理（如刮、抛光）、化学处理（如酸洗）或其他方法来去除铸件表面的氧化物、污垢和不良尺寸。

3）表面处理

脱壳清洗后，金属铸件的表面通常需要进行进一步的处理，以改善其外观、质量和性能。

表面处理工艺包括研磨、抛光、喷砂、电镀等，可以改善铸件的光洁度、表面粗糙度、修复表面缺陷和提供特定的表面效果。

9. 切割

切割是在熔模铸造过程中，将模组上的铸件产品与浇注系统分离的一种加工方法。下面是关于切割的详细介绍。

1）切割方法

熔模铸造的切割可以使用不同的方法进行，常见的方法包括机械切割、火焰切割和电火花切割等。

机械切割可以使用锯床、割刀、钻孔等设备进行，通过物理力量对壳模进行切割分离。

火焰切割是利用高温火焰熔化壳模材料的方法，常用的火焰切割工艺包括氧-乙炔切割、等离子切割等。

电火花切割是使用电脉冲放电原理，在壳模上形成局部放电区域，使其熔化并最终分离。

2）切割位置

切割位置通常根据设计要求和实际情况来确定，以确保铸件的尺寸和形状符合要求。

切割位置可以选择在铸件的边缘、支撑结构或其他合适的位置，以便容易分离铸件和壳模。

3）切割参数

切割过程中，需要根据具体情况设置合适的切割参数，包括切割速度、切割深度、切割压力等。

参数的选择通常取决于壳模材料的性质、切割方法和设备能力等因素。

4）切割后处理

切割完成后，可能需要进行后处理，以确保铸件的表面质量和准确性。

后处理包括去除切割产生的毛刺、棱角和残留物，修复切割位置上的表面缺陷等。后处理通常使用手工研磨、抛光、喷砂、电镀等工艺进行。

切割是熔模铸造过程中非常重要的一步，它可以将想要的金属铸件从为了工艺而添加的浇道中分离出来，并为后续的清洗、加工和检验提供基础。大部分精铸件用的都是等离子切割，注意浇口余根不要太长，不要切伤铸件本体。小型工艺品铸件可以选择小型切割机等工具进行切割。在切割过程中，需要注意安全，并确保切割的准确性和效率，以获得优质的铸件。

10. 磨浇口

磨浇口是熔模铸造中一种常见的后处理工艺，旨在将位于铸件上的浇口去除，并使其表面变得平整。磨浇口即是将切除浇注系统后的毛坯铸件上面的浇口余根去除掉，主要通过砂轮打磨或者砂带打磨进行磨削，分为初磨和精磨，注意不要损伤零部件本体。下面是关于磨浇口的详细介绍。

1）工艺步骤

（1）准备。准备好磨削设备和工具，如手持砂轮机、砂轮、砂纸、磨头等。

（2）定位。将铸件固定在适合的夹具上，以保证稳定性和安全性。

（3）粗磨。使用粗砂轮或砂纸进行初步的磨削，将浇口部分削平，去除多余的金属材料。

（4）中磨。使用中号砂轮或砂纸进行进一步的磨削，使浇口的表面更加光滑均匀。

（5）细磨。使用细砂轮或砂纸进行最后的抛光和修饰，使浇口与铸件表面无明显的过渡。

2）注意事项

（1）安全操作。磨削过程中应注意佩戴个人防护装备，如护目镜、手套和口罩，以防止金属屑和尘埃对人体的伤害。

（2）控制磨削力度。要根据具体情况控制磨削力度，以避免对铸件表面造成过度的损伤。

（3）避免剧烈振动。在磨削过程中应保持平稳的操作，避免剧烈的振动和抖动，以防止对铸件造成不必要的损坏或变形。

（4）确保尺寸准确性。在磨掉浇口的同时，要确保铸件的尺寸和形状得到准确控制，以满足设计要求。

磨浇口是熔模铸造中的重要步骤之一，旨在使铸件的外观更加美观、尺寸更加准确，并为后续的加工和装配提供便利。在进行磨削时，需要注意安全操作和控制磨削力度，以确保铸件的质量和表面光洁度满足要求。

11. 精整

精整是指在铸件表面存在外观缺陷时，采用一系列修复和处理方法使其达到设计要求的工艺，主要包括焊补、打磨、校正、抛丸、酸洗和抛光等方式。下面是关于精整的详细介绍。

1）焊补

焊补是使用适当的焊接材料，将铸件上的砂孔、渣孔或其他缺陷进行填补的过程。焊补时需要注意选用合适的焊接材料和工艺参数，以确保焊接质量和铸件的完整性。

2）打磨

打磨是使用磨具（如砂轮、砂纸、研磨头等）对铸件表面进行研磨和修整的过程。通过打磨，可以去除铸件表面的飞边、毛刺和粗糙度，使其变得更加平整光滑。

3）校正

校正是通过机械或手工操作对铸件进行调整，以恢复其几何形状和尺寸的过程。校正通常需要使用专用工具和夹具，对铸件进行加压或变形，以消除变形或尺寸偏差。

4）抛丸

抛丸是利用高速喷射的金属颗粒或磨料对铸件表面进行冲击清理的过程。抛丸能够去除铸件表面的氧化皮、残留砂粒、污染物等，并改善其可视性和表面质量。

5）酸洗

酸洗是将铸件浸泡在酸性溶液中，通过化学反应去除表面的氧化层、锈蚀物和杂质的过程。酸洗可以提高铸件的表面光洁度和清洁度，使其更适合后续处理和涂装。

6）抛光

抛光是使用研磨材料（如砂轮、磨料片、抛光剂等）对铸件表面进行高速磨削的过程。抛光能够进一步提高铸件的光洁度和亮度，使其达到要求的表面质量。

以上工艺在熔模铸造的精整中经常被使用，它们可以修复铸件表面的砂孔、渣孔、飞边毛刺等缺陷，使铸件达到预期的外观和质量要求。在进行精整过程中，需要根据具体情况选择合适的方法和工艺参数，并注意安全操作以及对铸件尺寸和形状的控制。

12. 检验

检验是在精整后对铸件进行质量检查和评估的过程，主要包括尺寸外观检查、内部质量检验及最终的合格判定。下面是关于检验的进行详细介绍。

1）尺寸外观检查

尺寸外观检查是对铸件外观形状和尺寸进行检查，以确保其符合设计要求和技术规范。检查内容包括铸件的几何尺寸、表面平整度、孔洞、裂纹、毛刺等，可以使用测量仪器、视觉检查和手工检查等方法进行。

2）内部质量检验

内部质量检验是对铸件内部存在的缺陷或异常进行检测和评估，常用的方法包括 X 射

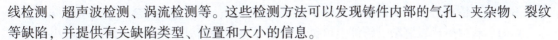

线检测、超声波检测、涡流检测等。这些检测方法可以发现铸件内部的气孔、夹杂物、裂纹等缺陷，并提供有关缺陷类型、位置和大小的信息。

3）合格判定

铸件完成后，还需要根据尺寸外观检查和内部质量检验的结果，对铸件合格与否进行判定。若铸件的尺寸、外观和内部质量都符合要求，则可以判定为合格；若存在缺陷或不符合要求，则需要根据相应的标准和规范进行处理或淘汰。

检验对于确保铸件质量的稳定性和一致性非常重要。通过尺寸外观检查和内部质量检验，可以及时发现并解决铸件的缺陷和问题，以提高产品质量和客户满意度。合格的铸件经过打包和入库后，可以按照计划进行后续加工、装配和交付等工序。

13. 入库

入库是指将检验合格的铸件进行适当的包装，并储存到仓库中，以确保其在运输和存储过程中不受损坏和污染。下面是关于打包入库的详细介绍。

1）包装材料选择

选择适合的包装材料对铸件进行包装，常见的包装材料包括木箱、纸板盒、塑料薄膜等。选择包装材料时，要考虑铸件的尺寸、质量、特殊形状及运输方式等因素。

2）包装方法

根据铸件的特点和数量，采用合适的包装方法进行包装。通常可以采用木箱或纸板盒进行保护性包装，将铸件放置在包装容器内，使用填充物（如泡沫塑料、海绵等）固定铸件位置，防止在运输过程中发生碰撞和振动。

3）标识和标签

在包装过程中，需要标明相关信息，如铸件编号、数量、尺寸、质量、生产日期、质检合格标志等。这些信息可以通过标签、贴纸、印刷等方式添加到包装容器上，以便识别和管理。

4）防潮防尘

铸件在存储和运输过程中，需要防止受到潮气和灰尘的污染。可以在包装容器内加入干燥剂或湿度控制材料，以吸收潮气；同时使用密封性好的包装材料，避免灰尘的进入。

5）堆放和储存

打包后的铸件需要合理堆放和储存，以确保安全和节约空间。可以根据铸件的类型和尺寸选择合适的货架、托盘等存储设备，为铸件提供稳定支撑，并注意防止长时间压迫、挤压和震动。

打包入库是熔模铸造中的重要环节，它能够保护铸件的表面质量、减少在运输和存储过程中的损坏风险，并方便后续的产品管理和出库操作。在进行打包入库时，应注意包装材料的选择、包装方法的合理性、标识和标签的清晰可见，以及防潮防尘的措施，以确保铸件的完整性和质量。

4.2.2 工艺特点

铸造工艺可分为砂型铸造和特种铸造两个大类，熔模铸造属于特种铸造。按照得到型腔的方式，铸造工艺又可以分为脱模铸造和消失模铸造两种，熔模铸造属于消失模铸造。

适用于熔模铸造工艺的材料范围比较广泛，其中合金种类有碳素钢、合金钢、耐热合金、不锈钢、精密合金、永磁合金、轴承合金、铜合金、铝合金、钛合金和球墨铸铁等。熔模铸件的形状一般比较复杂，铸件上可铸出孔的最小直径可达 0.5 mm，铸件的最小壁厚为 0.3 mm。熔模铸件大多为中小型零部件(质量从几克到十几千克不等，一般不超过 25 kg)，太重的铸件用熔模铸造法生产较为麻烦。

1. 熔模铸造的优点

熔模铸造最大的优点就是相对于其他铸造工艺，可以得到很高的尺寸精度和表面光洁度。由于熔模铸造采用尺寸精确、表面光滑的可熔性模，能够获得无分型面的整体型壳，而且避免了一般铸造工艺中的起模、下芯、合型等工序所带来的尺寸误差，因此熔模铸件尺寸精度一般可达 CT4~6(砂型铸造为 CT10~13，压力铸造为 CT5~7)。此外，型壳由耐高温的特殊黏结剂和耐火材料配制成的耐火涂料涂挂在熔模上制成，与熔融金属直接接触的型腔内表面光洁度高。因此，熔模铸件表面的光洁程度比一般铸造件的高，表面粗糙度一般为 1.6~3.2 μm。

鉴于以上优点，熔模铸件后续的机械加工工作量较小，只是在零部件上要求较高的部位留少许加工余量，甚至某些铸件只留打磨、抛光余量，不必机械加工即可使用。由此可见，采用熔模铸造可大量节省机床设备和加工工时，大幅度节约金属原材料。

此外，熔模铸造可以铸造各种合金的复杂铸件，特别是可以铸造高温合金铸件。例如，燃气涡轮发动机的涡轮叶片，其流线型外廓与冷却用内腔，用机械加工几乎无法形成。用熔模铸造生产不仅可以做到批量生产，而且避免了机械加工后残留刀纹的应力集中。此外，在生产中，可将一些原来由几个零部件组合而成的部件，通过改变零部件的结构，设计成为整体零部件而直接由熔模铸造铸出来，以节省加工工时和金属材料的消耗，使零部件结构更为合理。

2. 熔模铸造的缺点

熔模铸造过程复杂，影响铸件尺寸精度的因素较多，如模料的收缩、熔模的变形、型壳在加热和冷却过程中的线量变化、合金的收缩率以及在凝固过程中铸件的变形等，所以普通熔模铸件的尺寸精度虽然较高，但其一致性仍需提高(采用中、高温蜡料的铸件尺寸一致性要高很多)。

熔模铸造过程使用和消耗的材料较贵，生产周期较长。另外，受蜡模与型壳强度、刚度的限制，该工艺目前适用于生产形状复杂、精度要求高、或很难进行其他加工的中小型零部件，如涡轮发动机的叶片等。

4.3　熔模铸造的设备

4.3.1　常见熔模铸造设备介绍

熔模铸造工序较多，过程较为复杂，因此整个过程中使用的设备较多，其中包括注蜡机、真空搅拌机、高温焙烧炉、微机半自动真空浇注机和其他设备等。

1. 注蜡机

注蜡机主要是用于制作蜡模(熔模)和蜡棒(用作浇道，直径不同)。

　　注蜡机通常可以分为风压式和真空式两种，其注蜡原理基本相似，都是利用气压将熔融状态的蜡注入胶模。两者的区别在于真空式注蜡机能够先将胶模抽真空，再向胶模注蜡，而风压式注蜡机只能直接向胶模注蜡。因此，真空式注蜡机的操作通常比较容易掌握，而风压式注蜡机的操作则需要具有一定的经验。

　　注蜡之前，应该打开胶模，检查胶模的完好性和清洁性。如果是使用过的胶模，就应该向胶模中（尤其是形状比较细小复杂的位置）喷洒脱蜡剂，也可撒上少量滑石粉，以利于取出蜡模。检查合格后，应该预热注蜡机，打开气泵，调整好压力和温度。

　　注蜡时，应该用双手将夹板（可以是有机玻璃板或木板、铝板等）中的胶模夹紧，注意手指的分布应该使胶模受压均匀；将胶模水口对准注蜡嘴平行推进，顶牢注蜡嘴后，双手不动，用脚轻轻踏合注蜡开关，随即松开，双手停留1~2 s，将胶模放置片刻，即可打开胶模（如果胶模有底，应该首先将模底拉出），取出蜡模。蜡模取出后仔细检查，如果出现比较严重的缺边、断脚等问题，这样的蜡模就属于废品。如果是一些比较细小的缺陷，则应该进行修整。图4-6所示为D-VWI1数码真空注蜡机。

图4-6　D-VWI1 数码真空注蜡机

2. 真空搅拌机

　　在陶瓷等工业的石膏制模工艺方面，一般采用单一的电动机转轴装上螺旋叶搅棒，直接插入浆桶内对石膏加水进行搅拌，以使石膏浆均匀。

　　如果石膏浆内有大量气泡，会使得石膏模成型后的制品出现针孔，密度低，严重影响石膏模的机械强度和使用性能。而且石膏加水调成浆后，在很短的时间内要使用，否则会出现凝结的现象，使石膏浆报废。真空搅拌机可以实现石膏浆的真空脱气搅拌，解决上述问题。图4-7所示为YB-CMX真空搅拌机。

图4-7　YB-CMX 真空搅拌机

3. 高温焙烧炉

高温焙烧炉是指专用于精密铸造行业、砂型模壳高温焙烧、石膏蜡模烧结的焙烧炉。

图 4-8 所示为 YB-JL24 高温焙烧炉，其参数为电压（380 V/50 Hz）、功率（9 kW）、最高温度（1 200 ℃）、焙烧温度（1 050 ℃）。为防止烧结模壳自由升温开裂，YB-JL24 高温焙烧炉采用微机程序控温，自动高精度执行最佳焙烧温度工艺曲线。YB-JL24 高温焙烧炉机身由耐高温合成材料制作，4 面均可实现加热；工作室外壳为不锈钢材料，配有炉脚架，可以实现 30 段智能控温。

图 4-8　YB-JL24 高温焙烧炉

YB-JL24 高温焙烧炉属于高温箱式电阻炉，是国家标准节能型周期式作业炉，采用超节能结构，具有先进的复合炉衬，节电 30%~40%，适用于精密铸造行业和模壳加热，效率高，比燃油、燃煤的设备成本大大降低。该焙烧炉热工材料选用高品质节能型轻质泡沫砖和优质保温制品砌筑而成，炉温度调节方便、安全，只使用调节功能按钮，即可实现温度控制，免去了燃油炉调节油阻的麻烦，具有控温稳定、性能优越、能耗较低、炉膛洁净等优点。

4. 微机半自动真空浇注机

真空浇注机用于金属的熔化与浇注。目前常用的为可自动控制浇注过程并配备有抽真空装置的微机半自动真空浇注机。

图 4-9 所示为 YB02 微机半自动真空浇注机，其参数为电源（380 V/5 kW）、测温范围（1 450 ℃）、溶解时间（3-5 min）、外形尺寸（≥720 mm×700 mm×1 150 mm）、金属容量（2.4 kg）、金属类别（金、银、铜、K 金）。

图 4-9　YB02 微机半自动真空浇注机

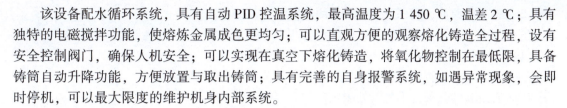

该设备配水循环系统，具有自动 PID 控温系统，最高温度为 1 450 ℃，温差 2 ℃；具有独特的电磁搅拌功能，使熔炼金属成色更均匀；可以直观方便的观察熔化铸造全过程，设有安全控制阀门，确保人机安全；可以实现在真空下熔化铸造，将氧化物控制在最低限，具备铸筒自动升降功能，方便放置与取出铸筒；具有完善的自身报警系统，如遇异常现象，会即时停机，可以最大限度的维护机身内部系统。

5. 其他设备

熔模铸造可将原材料直接加工为无须后续机加工的成品，但考虑工艺产品的美观要求，可在后续增加抛光、镀层、激光雕刻等处理工序，相应也需要使用抛光、镀层、激光加工等设备，具体使用设备由项目实际需要决定。

4.3.2 铸造设备的使用和维护

1. 注蜡机的使用和维护

1）使用

（1）操作前检查。在使用注蜡机之前，进行必要的设备检查，包括润滑系统、冷却系统、控制系统等，确保设备处于正常工作状态。

（2）温度控制。根据所需蜡型的特性和要求，设置合适的温度参数，并确保温度均匀稳定，以保证注入的蜡型质量。

（3）注射参数调节。根据具体产品的要求，调节注射速度、压力和时间等参数，确保蜡型注入的准确性和一致性。

（4）检查蜡料质量。定期检查和筛选注入的蜡料，确保其质量符合要求，避免因蜡料质量问题导致的蜡型缺陷。

使用时切记等挤出指示灯完全熄灭之后再移开蜡盒，否则有烫伤风险。

2）维护

（1）定期清洁。定期清洁注蜡机的各个部位，包括注射系统、温控系统、润滑系统等，以去除蜡渍和杂质，保持设备的正常运转。

（2）润滑维护。定期检查和更换润滑油，确保润滑系统正常工作，减少摩擦和磨损，延长设备的使用寿命。

（3）系统检查。定期检查注蜡机的电气线路、传动装置、控制系统等部件，以确保其安全可靠，及时修复或更换出现问题的部件。

（4）零部件更换。根据设备使用寿命和零部件磨损情况，及时更换需要更换的部件，避免由零部件失效导致的生产中断和质量问题。

（5）培训操作人员。对操作人员进行培训，使其了解设备的正常操作程序、维护方法和安全注意事项，并提供必要的个人防护装备。

2. 真空搅拌机的使用和维护

1）使用

（1）操作前准备。在使用真空搅拌机之前，确保搅拌容器和配件清洁干净，并检查密封装置、搅拌刀具等部件是否完好。开机前应检查以下项目。

①确认输入电压符合设备要求。

②在接通电源前，确保开关处于关闭状态。

③使用电源必须可靠接地，以确保设备与人身安全。

④查看上桶搅拌叶有无杂物，下桶转盘是否顺畅。

⑤查看真空泵是否正常（真空油缺不缺），真空管是否卡紧。

⑥查看所有的开关把手是否处于正确位置。

（2）设置操作参数。根据具体的工艺要求设置合适的搅拌速度和时间，确保混合均匀。

（3）启动真空系统。打开真空泵，并观察真空度指示器，确保获得所需的真空度，以排除混合过程中的气体。

（4）加入材料并搅拌。将需要搅拌的材料倒入搅拌容器中，注意遵守安全操作规程，启动搅拌机进行搅拌过程。

操作时需注意以下事项。

（1）真空泵在正常工作 50 h 后，应更换一次真空油。

（2）严禁用汽油、柴油、煤油、酒精等对泵进行非拆卸清洗，应使用 1 号真空泵油进行上述清洗。

（3）清洗时手动转动真空泵，捂住排气口、使腔内油污全部从放油口排出。

（4）启动搅拌时，应注意上桶盖盖好，以免搅拌时飞溅。

（5）钢铃摆放时，应平衡放置，以免转动时倾倒。

（6）严禁在搅拌过程中打开上盖，电源开启时严禁将手伸入桶内。

具体使用时，为确保安全，应按以下步骤严格执行。

（1）检查开关把手的位置（上下桶抽真空开关、浇注开关、下桶清洗开关）。

（2）将钢铃放入下桶，盖好下桶盖。

（3）上桶内倒入大部分水，之后将石膏粉倒入，接着用剩下的水将桶壁的石膏冲洗干净。

（4）打开电源，开始搅拌。

（5）搅拌 10 s 后，开始抽真空。

（6）搅拌 3 min 后，停止搅拌，打开放料阀，灌注石膏（5 min）。

（7）灌好石膏后，关闭放料阀，上桶停止抽真空，打开上桶阀门排气。

（8）清洗上桶。

（9）抽真空完成后（15 min）关掉抽真空，并打开下桶排气阀门。

（10）关掉电源。

（11）打开下桶盖，将钢铃托底抱出静置（1~2 h）。

（12）清洗下桶。

（13）将上下桶、桶盖及开关把手复位回原状。

2）维护

（1）清洁保养。每次使用后清洁搅拌容器、搅拌刀具等部件，确保没有残留物。定期清洗和更换滤芯，保持真空系统的正常运行。

（2）密封件维护。定期检查和更换密封件，确保真空搅拌机的密封性能良好。

（3）润滑维护。根据设备要求定期进行润滑，检查和更换润滑剂，保障传动装置正常运转。

（4）部件检查和更换。定期检查搅拌刀具、电气线路、控制系统等部件的工作情况，及时修复或更换出现问题的部件。

（5）培训操作人员。对操作人员进行培训，使其了解设备的正常操作程序、维护方法和安全注意事项，并提供必要的个人防护装备。

具体的维护保养内容如下。

（1）如使用时发现真空度下降，应将真空机内真空油全部放出，更换新油。

（2）使用时，应尽量避免真空泵内吸入杂物，以免影响正常使用及使用寿命。

（3）一般使用两周后，应拆卸过滤器清洗一次。

（4）清洗后重装要旋紧胶外壳，防止漏气。

（5）使用环境温度>40 ℃时，真空机油温升高，黏度会下降，会略微影响真空度，应注意使用环境，加强通风散热。

以上是针对真空搅拌机的使用和维护建议。实际中，应严格按照操作手册和生产要求进行操作，并定期进行设备维护和检修，以确保真空搅拌机的稳定性和可靠性，从而顺利完成混合和搅拌过程。

3. 高温焙烧炉的使用和维护

1）使用

（1）操作前准备。在使用高温焙烧炉之前，确保炉膛内部清洁干净，无杂质和残留物。检查并确保加热元件、热交换器等部件正常工作。开机前应完成以下工作。

①开机前，应检查电源电压是否符合要求，接线是否牢固可靠。

②检查机器外壳有无可靠接地。

③将开好的石膏模静置 1~2 h 后方可进炉。

④检查排烟口是否通畅。

（2）温度控制。根据具体要求和工艺参数，设置合适的温度曲线和升温速率，确保温度均匀稳定，避免过高或不均匀的温度造成的烧结不良。

（3）加载和卸载样品。按照规程和安全操作程序，将待处理的样品或工件放入或取出炉膛，并注意避免碰撞和损坏。

（4）状态监测。实时监测炉膛内的温度、气氛、压力等参数，以确保工艺过程的正常进行。如有异常情况，及时采取措施以防止事故发生。

操作时应注意以下事项。

①开炉过程中，机器外壳存在高温，小心烫伤。

②放置钢铃时，钢铃要与炉丝保持 1~2 cm 的距离，以免造成炉丝短路。

③夹取钢铃时，注意钢铃夹不要触碰炉丝。

④低温烘烤时间不宜过长，否则水蒸汽会在炉丝上凝聚造成炉丝短路，从而烧坏炉丝。

⑤炉温最高设定温度不能超过 950 ℃，否则容易烧坏炉丝。

⑥严禁触碰及接近高温炉，打开炉门时，仅可触碰门把手。

⑦操作人员应扣紧袖口，盘好头发，佩带护目镜，穿着防护服及厚手套。

⑧设备使用结束后应关好炉门，防止快速冷却，加速炉丝的消耗。

⑨设备使用后仍留有高温，严禁靠近、触碰。

2）维护

（1）清洁保养。定期清理炉膛内的残渣和杂质，保持加热元件和热交换器表面的清洁；

及时更换被污染或老化的隔热材料或密封件。

（2）润滑维护。根据设备要求进行润滑，定期检查和更换传动装置、输送系统等部件的润滑油或润滑脂。

（3）检修电气系统。定期检查高温焙烧炉的电气线路、仪表和控制系统，确保其正常工作，并及时修复或更换出现问题的部件。

（4）加热元件维护。定期检查和清洁加热元件，保持其表面的光洁度，避免因积碳和杂质影响加热效果。

（5）安全设施检查。定期检查和测试高温焙烧炉的安全装置和报警系统，确保其正常运行，保护操作人员和设备的安全。

具体的维护保养内容如下。

（1）设备应摆放在干燥通风良好、无腐蚀性气体的地方。

（2）设备使用完毕，应清理废蜡，清扫表面灰尘。

（3）输入输出及电炉丝接线桩头因工作电流较大，应经常检查、紧固，以免接触不良烧坏炉丝。

（4）经常检查炉丝有无松动、下垂，及时加固炉丝。

以上是针对高温焙烧炉的使用和维护建议。实际中，应严格按照操作手册和生产要求进行操作，并定期进行设备维护和检修，以确保高温焙烧炉的稳定性和可靠性，从而顺利完成热处理和烧结等工艺过程。同时，操作人员需要具备相关安全知识和技能，遵守操作规程，使用必要的个人防护装备，确保操作安全。

4. 微机半自动真空浇注机的使用和维护

1）使用

（1）操作前准备。在使用之前，应确保设备处于正常工作状态，检查真空泵、加热装置、温度控制系统等部件是否正常。值得注意的是，在开机前一定要打开水泵，实现设备内部的水循环降温。开机前按以下步骤进行检查。

①开机前，应检查电源电压是否符合要求，接线是否正确，设备外壳有无可靠接地。

②检查真空泵接线是否正确，泵内油位是否正常，电动机转向是否正确。

③认真检查供给水、空气连接，确保连接管道无泄漏、变形及连接无误。每天开机前，应仔细检查确保畅顺。

④坩埚有无放入熔解室内，坩埚与炭棒接触位是否干净可靠。

⑤热电偶是否连接可靠。

通电后开机，应注意以下安全事项。

①输入电压范围为320~420 V，电网电压高于420 V时，不要使用设备。

②设备通电后，禁止触摸输入、输出接头和主机与分体变压器的连接端子及感应圈（炉）等。

③开机前，设备必须通水冷却，且保证水源清洁，以免阻塞冷却管道，造成设备过热损坏。

④为防触电，请确保机壳接地。

⑤设备内部有高电压，非专业人士请勿拆机。

（2）铸件准备。准备好需要浇注的铸件、型腔及其他相关附件，并按照要求进行处理和组装。

（3）浇注参数设置。根据具体铸件的要求，设置合适的浇注参数，包括浇注温度、浇注时间、真空度等，确保浇注质量。

（4）执行浇注过程。根据操作手册的指引，按照设定的参数进行浇注，确保铸件得到充分而准确的浇注。

具体使用时，为确保安全应按以下步骤严格执行。

（1）打开水泵进行水循环。

（2）打开空气压缩机。

（3）打开设备电源、常温下检查设备的运行状态。

（4）按开始键进行升温。

（5）将金属颗粒放入坩埚。

（6）温度快要到达指定温度时用石英棒去除杂质。

（7）盖好熔炼炉的盖子。

（8）打开下桶，从高温炉中取出钢铃，放入下桶，关好下桶。

（9）确保下桶位置正确，打开铸体提升，确保下上桶密封完好。

（10）抽真空，当抽真空完成后，加压，然后按铸造按钮。

（11）停止加温。

（12）铸造完成后（约30 s），关闭加压，关闭抽真空，按排气按钮。

（13）先打开上桶，确保金属液已经注入石膏模。

（14）扶着下桶把手，关闭铸体提升，打开下桶，取出石膏模。

（15）关闭空压机。

（16）待炉温降至100 ℃以下（室温最佳），再关闭水泵。

（17）关掉铸造机电源。

2）维护

（1）清洁保养。每次使用后清洁设备的各个部位，包括液压系统、真空系统、加热装置等，以去除残留物和杂质，保持设备的正常运行。

（2）润滑维护。定期检查和更换润滑油或润滑脂，确保液压系统和传动装置的顺畅运转。

（3）系统检查。定期检查浇注机的电气线路、控制系统、传感器等部件，以确保其正常工作，及时修复或更换出现问题的部件。

（4）零部件更换。根据设备使用寿命和零部件磨损情况，及时更换需要更换的部件，避免因零部件失效导致的生产中断和质量问题。

（5）培训操作人员。对操作人员进行培训，使其了解设备的正常操作程序、维护方法和安全注意事项，并提供必要的个人防护装备。

具体的维护保养内容如下。

（1）每日工作前检查热电偶有无断路、短路。

（2）观察窗经常清扫，用布条擦拭干净即可。

（3）加热圈须常用风枪吹干净（确保设备温度已降至室温，佩戴护目镜及口罩），确保圈与圈之间有2~3 mm距离，且无异物存在。

（4）真空过滤器应两天检查一次。

（5）冷却水应经常检查流量，每月应清洗一次水泵连接处过滤器。

（6）电源检查。输入三相 380 V 电源，允许电压偏差±5%。

（7）在铸造过程中，如遇停水情况，应及时关闭电源并立即取出石墨坩埚，以防高温损坏加热线圈（此过程过于危险，不建议非专业人士操作）。

以上是针对微机半自动真空浇注机的使用和维护建议。实际中，应严格按照操作手册和生产要求进行操作，并定期进行设备维护和检修，以确保微机半自动真空浇注机的稳定性和可靠性，从而顺利完成铸件浇注过程。同时，操作人员需要具备相关安全知识和技能，遵守操作规程，使用必要的个人防护装备，确保操作安全。

4.4 熔模铸造的安全规范

熔模铸造是一种常用的铸造工艺，涉及高温、高压和有毒物质等危险因素（见图4-10），因此需要严格遵守相关的安全规范。以下是一些常见的熔模铸造安全规范。

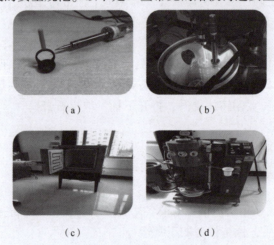

（a） （b）

（c） （d）

图 4-10　熔模铸造危险因素

（a）手工操作烫伤；（b）粉尘吸入呼吸道；（c）高温炉灼伤；（d）高温金属液迸溅

（1）个人防护。操作人员应佩戴符合标准的个人防护装备，包括防火服、安全帽、耐高温手套、防护眼镜、防护面罩等。确保身体部位不暴露在高温、腐蚀性液体或金属飞溅等危险环境中。

（2）安全培训。所有参与熔模铸造工作的人员都应接受适当的培训，了解相关的安全规范和操作流程，并学会正确使用安全设备和器材。定期进行安全知识的强化培训，提高员工的安全意识和应变能力。

（3）环境通风。熔炉等加热装置周围应设置良好的通风系统，以排除熔炉产生的烟雾、有害气体和粉尘。保持室内空气流通，避免有毒气体积聚导致中毒。

（4）熔炉操作安全。操作人员应严格遵循熔炉的操作规程，不得随意更改设备参数或操作程序。遵循正确的加料顺序和方法，避免迸射和炉料外泄。定期检查和维护熔炉设备，确保其正常工作和安全运行。

（5）防火安全。在熔模铸造现场应设置灭火器和灭火系统，并确保操作人员了解其使用方法。禁止在易燃区域内吸烟或使用明火，及时清理工作区域的可燃物和杂物，保持整洁有序。

（6）废料处理。废料和废水应按照相关法规进行分类和处理。严禁将有害废料排放到环境中，采取适当的处理措施，以保护环境和工作人员的健康。

（7）急救准备。现场应设置急救设施，包括急救箱、紧急呼叫装置等，并确保操作人员了解急救程序和联系方式。及时处理烫伤、烧伤、切割伤等常见意外事故。

以上是熔模铸造的一些常见安全规范，具体要根据实际情况和相关法规进行合理的安全管理措施。重要的是保持安全意识，始终将安全放在首位，通过培训、设备维护和监督检查等手段，确保熔模铸造过程中的安全。

4.5 熔模铸造的应用

熔模铸造主要用来生产形状复杂、精度要求较高或难以切削加工的中小型零部件，目前在机械制造、艺术创作等领域得到广泛的应用。

4.5.1 在机械制造领域中的应用

1. 航空航天

航空航天领域对于材料性能、零部件复杂度和质量的要求非常高，而熔模铸造能够满足这些要求，因此其成为航空航天领域中重要的铸造工艺之一。以下是熔模铸造在航空航天领域中的一些常见应用。

（1）发动机组件。熔模铸造被广泛用于制造航空发动机的关键组件，如涡轮叶片、导向叶片和燃烧室零部件等。这些组件通常需要具备优异的耐热性、抗氧化性及高强度。熔模铸造能够实现精确的几何形状和内部结构，并提供高温合金材料的浇注。

（2）航空航天结构件。熔模铸造也广泛应用于制造航空航天结构件，如机身连接节点、支架、挂件等。这些结构件通常需要承受较大的载荷和应力，同时要求轻量化设计。熔模铸造可以生产出复杂形状和薄壁结构的零部件，提供优良的力学性能和质量比。

（3）航空航天涡轮机组件。熔模铸造被广泛应用于制造航空航天涡轮机组件，如涡轮盘、涡轮壳等。这些涡轮机组件需要具备高温抗氧化、耐磨损和高强度特性。熔模铸造可以实现复杂叶片和内部通道的浇注，提供高温合金材料的制造。

（4）航空航天传动系统。熔模铸造也常用于制造航空航天传动系统中的零部件，如齿轮、减速器壳体等。这些零部件需要具备高强度、耐磨损和低噪声等特性。熔模铸造可以生产出精确的齿形结构，并提供高强度合金材料的浇注。

总之，熔模铸造在航空航天领域中扮演着重要的角色。它能够满足航空航天领域对于材料性能、复杂度和质量的严格要求，提供高性能、高精度和可靠性的解决方案。

2. 汽车制造

由于汽车制造对零部件性能、质量和复杂度的要求越来越高，熔模铸造成为该领域一种重要的铸造工艺。以下是熔模铸造在汽车制造领域中的一些常见应用。

（1）发动机零部件。熔模铸造被广泛用于汽车发动机零部件的制造，如气缸体、气缸盖、曲轴壳等。这些零部件需要具备优异的机械性能、耐热性能和耐磨损性能。熔模铸造可以提供高强度、高密度和耐久性的铸件，满足发动机的工作要求。

（2）底盘组件。熔模铸造在制造汽车底盘组件方面也得到广泛应用，如悬挂支架、刹车卡钳、转向节等。这些底盘组件需要承受较大的载荷和应力。熔模铸造能够提供高强度和刚性的零部件，确保底盘系统的可靠性和稳定性。

（3）排放控制系统。熔模铸造在汽车排放控制系统中也起到重要作用，如进气歧管、排气管等部件的制造。通过熔模铸造，可以实现复杂形状和内部结构的浇注，提高排放系统的效率和性能。

（4）高性能零部件。熔模铸造还被应用于制造一些高性能的汽车零部件，如涡轮叶片、制动盘等。这些零部件需要具备高温耐受、低摩擦和高强度等特性。熔模铸造可以提供高精度、高质量和复杂形状的铸件，满足高性能汽车的需求。

总之，熔模铸造在汽车制造领域中扮演着重要角色。它能够满足汽车制造领域对于零部件性能、复杂度和质量的要求，提供高质量、高精度和可靠性的解决方案。

3. 能源

能源行业对于材料性能、复杂形状和高温耐受性的要求非常高，而熔模铸造能够满足这些要求，因此被广泛应用于能源设备和组件的制造。以下是熔模铸造在能源领域中的一些常见应用。

（1）燃气轮机零部件。燃气轮机是能源领域中重要的发电设备，熔模铸造被广泛用于制造燃气轮机零部件，如燃气轮叶片、导向叶片和燃烧室零部件等。这些零部件通常需要具备优异的耐高温、抗氧化和高强度特性。熔模铸造能够实现复杂结构和内部通道的浇注，提供高温合金材料的制造。

（2）核能设备零部件。核能是一种重要的清洁能源，熔模铸造在核能设备中也得到广泛应用。例如，熔模铸造可用于制造核反应堆的反应堆压力容器、冷却剂循环泵、燃料组件和反应堆控制棒等关键部件。这些零部件需要具备良好的耐腐蚀性、抗辐射性和高强度。熔模铸造可以提供满足核能设备要求的高品质铸件。

（3）太阳能设备零部件。太阳能是可再生能源领域的重要组成部分，熔模铸造在太阳能设备零部件中也有着应用。例如，熔模铸造可用于制造太阳能集热器的热交换器、反射镜支架和导热板等零部件。这些零部件需要具备优良的导热性能、耐高温性能和抗辐射性。熔模铸造可以提供满足太阳能设备要求的高性能铸件。

（4）石油和天然气设备零部件。熔模铸造在石油和天然气开采、加工和输送等设备的零部件中也得到广泛应用。例如，熔模铸造可用于制造石油钻机的钻杆、井口套管和钻头等关键部件，以及压力容器、管道连接件和阀门等。这些零部件需要具备耐腐蚀性、高强度和高密度。熔模铸造可以提供满足石油和天然气设备要求的可靠铸件。

总之，熔模铸造在能源领域中扮演着重要角色。它能够满足能源领域对于材料性能、复杂形状和高温耐受性的严格要求，提供高质量和可靠性的解决方案。

4. 通用工业

由于熔模铸造的灵活性高，能够实现复杂形状和内部结构的浇注，因此在通用工业领域中得到广泛应用，如泵体、阀门、压力容器、气动液压元件等。

（1）泵体。熔模铸造被广泛应用于制造各种类型的泵体，包括离心泵、柱塞泵、螺杆泵等。熔模铸造可以实现复杂形状和内部结构的浇注，确保泵体具有高密度、高强度和优异的耐蚀性能，以应对不同工况下的要求。

（2）阀门。熔模铸造在阀门制造中也得到广泛应用。阀门通常需要承受高温、高压和腐蚀等严酷工况，熔模铸造能够提供高温合金材料和精密浇注工艺，制造出耐腐蚀、耐磨损和高强度的阀门零部件，确保阀门的可靠性和密封性能。

（3）压力容器。熔模铸造在压力容器制造中也发挥着重要作用。压力容器通常需要具备高强度、耐腐蚀和耐热性能，而且要满足严格的安全标准。熔模铸造可以生产出质量稳定、形状复杂的压力容器零部件，并能够实现内部通道的复杂设计，满足不同行业对压力容器的需求。

（4）气动液压元件。熔模铸造在气动液压元件制造中也有广泛应用，如液压缸体、油泵壳体等。这些元件需要具备高密度、高精度和耐磨损等特性，熔模铸造可以提供高质量和精密尺寸控制的铸件，以确保气动液压系统的可靠性和性能。

除了以上提到的设备，熔模铸造在通用工业领域中还应用于其他一些关键零部件的制造，如机床床身、风机壳体、传动装置等。

5. 特殊材料

熔模铸造还可以用于制造一些特殊材料的零部件，如镍基合金、钴基合金等高温合金材料。

（1）镍基合金。镍基合金是一种常见的高温合金材料，具有优异的高温强度、耐腐蚀性和抗氧化性能。熔模铸造可以用于制造镍基合金的复杂形状零部件，如涡轮叶片、燃烧室零部件和燃气轮机部件等。通过熔模铸造，可以实现镍基合金的精密浇注和内部结构设计，确保零部件的高质量和性能。

（2）钴基合金。钴基合金也是一种常见的高温合金材料，具有良好的高温强度、耐磨损性和耐腐蚀性能。熔模铸造可以用于制造钴基合金的零部件，如涡轮叶片、喷嘴和化工反应器零部件等。通过熔模铸造，可以实现复杂形状和内部通道的浇注，满足钴基合金零部件对高温、高压和腐蚀环境的要求。

这些高温合金材料在航空航天、能源和化工等领域中扮演着重要角色。例如，在航空航天领域，镍基合金和钴基合金被广泛应用于发动机、涡轮机械和燃气轮机等关键部件，以提供优异的高温性能和可靠性。在能源领域，这些合金材料被用于制造燃气轮机零部件、核电设备和太阳能集热器等。在化工领域，它们可用于制造耐腐蚀设备和高温反应器。

总之，熔模铸造是制造镍基合金、钴基合金等高温合金材料零部件的重要工艺之一。它能够实现复杂形状和内部结构的浇注，确保高温合金材料零部件具有优异的高温抗氧化、耐腐蚀和高强度性能，以满足航空航天、能源和化工等领域的需求。

4.5.2　在艺术创作领域中的应用

熔模铸造能够满足艺术品批量生产的需求，也能够兼顾款式或品种的变化，因此在艺术创作领域中占据重要的地位，它为艺术家们提供了一种实现复杂形状和精细细节的方式。以下是熔模铸造在艺术创作领域中的常见应用。

1. 青铜雕塑

青铜雕塑是熔模铸造在艺术创作领域中最常见的应用之一。艺术家可以使用蜡板或其他可塑性材料雕刻出雕塑的原型，然后将原型固定在树脂模具中，再通过加热使蜡板熔化并流出，留下空腔。接下来，通过浇注熔化的青铜合金进入模具中，待冷却凝固后，得到一件完整的青铜雕塑。以下是熔模铸造在青铜雕塑中应用的详细介绍。

（1）制作原型。在进行熔模铸造之前，需要制作出一个雕塑的原型。艺术家可以使用蜡板或其他可塑性材料，手工或通过数控机床等工具雕刻出雕塑的原型。这个原型将成为最终青铜雕塑的基础。

（2）制作蜡模。完成原型后，艺术家将会在其表面涂覆上一层特殊的蜡。这层蜡称为蜡模，它将在后续步骤中起到关键作用。蜡模可以保护原型，在后续的熔模铸造过程中，它会熔化并流出，留下一个空腔。

（3）制作树脂模。艺术家将蜡模固定在一个树脂模中。树脂模是由耐高温的树脂制成，它可以承受后续的高温熔铸过程。树脂模会包裹住蜡模，并形成一个完整的模具。

（4）熔铸过程。在准备好的树脂模中，艺术家将注入熔化的青铜合金。这个过程可以通过真空吸铸等方式来保证铸件质量。熔化的青铜合金将填满树脂模的空腔，充分浸润蜡模的表面。

（5）脱模和整理。待熔化的青铜合金冷却固化后，将得到一件完整的青铜雕塑。此时，树脂模将被取下，露出铸造而成的青铜雕塑。接下来需要对雕塑进行去毛刺、修整和打磨等工序，以使其达到艺术家期望的外观和质感。

通过熔模铸造制作的青铜雕塑具有以下特点。

（1）赋予艺术品耐久性。青铜是一种非常耐久的金属材料，它具有优异的抗腐蚀和耐候性能。通过熔模铸造制作的青铜雕塑可以经受时间的考验，长期保持其外观和艺术魅力。

（2）实现复杂形状和细节。熔模铸造可以实现更高精度和复杂度的雕塑形状和细节表现。艺术家可以将复杂的原型转化为铸件，并在铸件中再现原型中的每一个细节，包括纹理、线条和曲面等。

（3）可量产性。熔模铸造适用于批量生产青铜雕塑。一旦制备好原型和模具，可以使用相同的模具进行多次铸造，以制作出多个相似的青铜雕塑。这对于需要大量雕塑的项目或有商业价值的艺术品来说非常便利。

（4）规模多样。熔模铸造适用于制作各种规模的青铜雕塑，从小型摆件到大型雕塑都可以实现。这使得艺术家可以根据需求和设计理念来选择适合的尺寸。

（5）融入艺术创作。熔模铸造为艺术家提供了一种将原型从可塑性材料转化为金属材料的过程。这个过程本身就是创作的一部分，艺术家可以根据所选的材料和工艺参数来调整雕塑的表现效果，以实现其独特的创意和想法。

（6）融合多种材质。通过熔模铸造，艺术家可以将不同材质融合到青铜雕塑中。例如，在原型制作阶段，可以使用其他材料如木、石、陶土等来创作原型的某些部分，然后在熔模铸造过程中将其转化为青铜，实现不同材质的有机融合。

（7）自由度和灵活性。熔模铸造为艺术家提供了较高的自由度和灵活性。艺术家可以根据自己的设计理念和创意，通过调整原型、模具和工艺参数等方面进行自由发挥，以实现他们所追求的艺术效果。

（8）高品质表现。通过熔模铸造制作的青铜雕塑通常具有高品质的表现。它们展示出精湛的工艺和专业的制作水平，使得雕塑作品更加精致、逼真，并且能够准确地呈现艺术家的创意和意图。

（9）可修复性。青铜材料具有一定的可修复性，这也是熔模铸造在雕塑制作中的优势之一。如果在制作过程中出现意外损坏，艺术家可以通过重新进行熔模铸造，对雕塑进行修复和重铸，使其恢复到原来的状态。

总的来说，熔模铸造在青铜雕塑的制作中扮演着至关重要的角色。通过熔模铸造，艺术家们能够创作出耐久、精美且富有艺术表现力的青铜雕塑作品，同时还能发挥创意，并灵活调整设计和工艺参数以获得理想的效果。熔模铸造为艺术家们提供了一个广阔的创作舞台，推动了青铜雕塑艺术的发展与创新。

2. 艺术装饰品

熔模铸造不仅在青铜雕塑制作中应用广泛，也被广泛用于制作各种艺术装饰品，如摆件、壁挂、雕花等。艺术家可以先制作精细的模型，无论是手工雕刻还是使用数控机床等设备雕刻，都可以实现高度精确的模型制作。

原型一旦完成，艺术家就可以将其转化为蜡模，然后固定在树脂模中。接下来，通过熔模铸造，将熔化的金属（如铜、铝、锡等）注入模具中，充分浸润蜡模表面，并形成金属制品的镶嵌或整体。

这种工艺使艺术家能够以金属材料的形式呈现复杂的细节和精致的设计，展示出更高的精度和复杂度。通过调整合金成分和工艺参数，艺术家还可以控制金属制品的颜色、硬度和质感等特性，以满足他们的艺术需求。

熔模铸造使得艺术家能够在制作艺术装饰品的过程中充分发挥他们的创造力和技艺。无论是在摆件、壁挂还是其他形式的艺术装饰品中，熔模铸造都是一种实现高度精细和复杂设计的工艺。通过它，艺术家们可以创作出独特而令人印象深刻的艺术品，展示他们的创造力和才华。

通过熔模铸造制作的艺术装饰品具有以下特点。

（1）复杂形状和细节。熔模铸造可以实现更高精度和复杂度的艺术装饰品制作。艺术家可以将复杂的原型转化为金属制品，并在制作过程中再现原型中的每一个细节，包括线条、纹理和曲面等。这使得艺术家能够创造出独特而精致的装饰品。

（2）多种材质融合。熔模铸造允许艺术家在装饰品制作中融合多种材质。通过使用不同材料的原型，在熔模铸造过程中可以将其转化为金属制品。这样的多材质融合赋予了装饰品更加丰富的质感和层次感。

（3）高度可定制性。熔模铸造为艺术家提供了高度的可定制性。艺术家可以根据需求和设计理念来选择适合的尺寸、形状和材质。他们还可以调整合金成分和工艺参数，以实现特定的外观效果。

（4）高质量和耐久性。通过熔模铸造制作的艺术装饰品通常具有更好的质量和更长的寿命。使用优质的金属材料，如青铜或其他合金，可以使装饰品耐久、抗腐蚀，并能够长期保持其艺术魅力和外观。

（5）批量生产能力。熔模铸造适用于批量生产艺术装饰品。一旦制备好原型和模具，就可以使用相同的模具进行多次铸造，以制作出多个相似的装饰品。这对于需要大量装饰品的项目或有商业价值的产品来说非常便利。

（6）可修复性。金属材料具有较好的可修复性，这也是熔模铸造在艺术装饰品制作中的优势之一。如果艺术装饰品在制作过程中损坏，艺术家可以重新进行熔模铸造，对装饰品进行修复和重铸，使其恢复到原来的状态。

总的来说，熔模铸造在艺术装饰品的制作中具有广泛的应用。这种工艺为艺术家们提供了更多实现创意的机会，并使他们能够创作出高质量、高耐久性且独特的艺术装饰品。

3. 珠宝首饰

熔模铸造在珠宝首饰制作中也得到广泛应用。艺术家可以利用蜡板制作出珠宝的原型，然后通过熔模铸造将原型转化为金属制品。这种工艺可以实现复杂的纹理、精细的细节和个性化的设计，使珠宝首饰更加独特和具有艺术性。通过熔模铸造制作的珠宝首饰具有以下特点。

（1）可实现复杂的形状和结构。熔模铸造能够实现珠宝首饰中复杂的形状和结构。通过制作精细的蜡板模型，艺术家可以创造出各种曲线、花纹和非常致密的形态。这些复杂的形状和结构可以通过熔模铸造准确地转化为金属制品，实现珠宝首饰的独特设计。

（2）精密度高。熔模铸造是一种高精度的工艺，能够制作出高度精密的珠宝首饰。通过数字化设计和先进的制造工艺，艺术家可以实现更高的几何精度和表面光洁度。这使珠宝首饰的细节更加清晰，整体质感更加出色。

（3）灵活性。熔模铸造非常灵活，适用于制作各种类型的珠宝首饰，如戒指、项链、耳环、手镯等。这种灵活性使得珠宝用户可以发挥创意，尝试各种风格和形态的设计。

（4）可组装性。熔模铸造可以实现珠宝首饰中的可组装性。通过制作不同部分的蜡板模型，艺术家可以将它们组合成一个完整的设计。这种方式允许更大的设计自由度，并且可以根据客户的需求进行个性化定制。

（5）保留原型细节。熔模铸造过程能够准确地保留原型的细节。由于蜡模具有较高的可塑性和精确度，因此在注入金属之前，艺术家可以对其进行修正和微调，以确保最终的金属制品符合预期的外观效果。

（6）节约材料和成本。熔模铸造可以节约珠宝制作的成本。相比于传统的手工制作或其他制造方法，熔模铸造可以更有效地利用金属材料，减少浪费。此外，通过批量生产的方式，可以提高生产效率。

（7）可实现大规模生产。熔模铸造适用于大规模生产珠宝首饰。一旦制备好原型和模具，就可以使用这些模具进行连续的铸造，以满足市场需求。这对于商业珠宝品牌来说非常重要，能够快速推出大量的产品并使产品保持一致的质量。

（8）可嵌入其他材料。熔模铸造还可以实现在珠宝首饰中嵌入其他材料。例如，可以在蜡板模型中预留空间，然后在铸造过程中将宝石、珍珠或其他装饰物嵌入其中。这样可以为珠宝首饰增加额外的价值和视觉吸引力。

（9）提供多种表面处理选项。熔模铸造制造的珠宝首饰可以通过各种表面处理方法进行装饰。例如，可以进行抛光、刷纹、雕刻、鎏金等处理，以增加珠宝首饰的质感和美观度。这些表面处理工艺为艺术家提供了更多的设计可能性。

（10）可实现复杂的艺术效果。熔模铸造还可以实现复杂的艺术效果。通过在蜡板模型上添加特殊的纹理、图案或雕刻，然后将其转化为金属制品，艺术家可以创造出惊人的艺术效果。这些效果可以使珠宝首饰更加独特、引人注目，并突显出艺术家的创造力与技巧。

总的来说，熔模铸造在珠宝首饰制作中发挥着重要的作用。它不仅能够实现复杂的纹

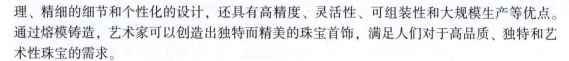

理、精细的细节和个性化的设计，还具有高精度、灵活性、可组装性和大规模生产等优点。通过熔模铸造，艺术家可以创造出独特而精美的珠宝首饰，满足人们对于高品质、独特和艺术性珠宝的需求。

4. 雕塑艺术

除了青铜雕塑，熔模铸造还可以应用于其他类型的雕塑艺术中。艺术家可以使用不同材料的原型，如玻璃、陶瓷、塑料等，制作出具有艺术感的模型。然后通过熔模铸造将模型转化为雕塑，赋予作品更高的耐久性和表现力。

（1）玻璃雕塑。尽管熔模铸造主要用于金属材料，但它也可以应用于制作玻璃雕塑。在玻璃雕塑制作中，艺术家可以使用蜡板或其他可熔化的材料来制作模型，然后将其转化为玻璃雕塑。这通常涉及特殊的玻璃技术，如玻璃吹制或玻璃熔接。通过熔模铸造，艺术家可以创造出精美而透明的玻璃雕塑作品，并展现出玻璃独有的光泽和色彩效果。

（2）陶瓷雕塑。熔模铸造还可以应用于制作陶瓷雕塑。在陶瓷雕塑制作中，艺术家可以使用陶土或其他陶瓷材料来制作模型，然后通过熔模铸造将其转化为陶瓷雕塑。这通常需要进行烧制和釉面处理等步骤，以达到所期望的效果。通过熔模铸造，艺术家可以创造出丰富多样的陶瓷雕塑作品，展示出陶瓷独特的质感、色彩和表面纹理。

（3）塑料雕塑。在某些情况下，熔模铸造也可以应用于制作塑料雕塑。艺术家可以使用适合的可熔化塑料材料来制作模型，然后通过熔模铸造将其转化为塑料雕塑。这可能需要使用特定的塑料熔融和注射等技术。通过熔模铸造，艺术家可以创造出各种形状的塑料雕塑作品，并展现出塑料所独有的光泽、颜色和透明度效果。

总的来说，熔模铸造可以应用于不同类型的雕塑艺术中，包括金属、玻璃、陶瓷和塑料等。通过选择合适的原型材料和工艺流程，艺术家们可以利用熔模铸造创造出具有耐久性、表现力和独特风格的雕塑作品。这为他们带来更多的创作可能性，并使他们能够在不同材料和艺术形式之间进行探索和创新。

综上所述，熔模铸造为艺术创作领域提供了一种制作复杂形状和精细细节的工艺。艺术家们可以利用熔模铸造制作青铜雕塑、艺术装饰品、珠宝首饰及其他类型的雕塑作品。这种工艺不仅能实现艺术家的设计理念，还能赋予作品更高的耐久性和表现力，丰富了艺术创作的形式和技术手段。

4.6 熔模铸造的未来展望

4.6.1 发展前景

熔模铸造作为一种传统的制造工艺，已经有着悠久的历史和广泛的应用。然而，随着科技和工艺的不断进步，熔模铸造也在不断发展和创新。

以下是熔模铸造未来发展的前景。

（1）数字化。随着 CAD/CAM 软件的快速发展，熔模铸造正朝着数字化设计和制造方向发展。通过使用 3D 建模软件和先进的数值模拟技术，可以更准确地设计和预测雕塑作品的形状、结构和性能。熔模铸造沿着数字化方向的发展，使得其铸件呈现出设计过程更加便捷灵活的趋势特点。目前，熔模铸造已经在艺术品设计制造行业得到了广泛应用。

（2）快速成型。快速成型技术（如 3D 打印）的发展对熔模铸造产生了深远的影响。通过将快速成型技术与熔模铸造相结合，可以实现更快速、灵活和精确的雕塑制造过程。这种组合技术可以减少模具制作时间和成本，并提高生产效率。熔模铸造沿着快速成型方向的发展，使得其铸件呈现出生产制造更加精密的趋势特点。熔模铸件已经越来越精确，在 ISO 标准中的一般线性尺寸公差是 CT6~9 级，特殊线性尺寸公差高的可大 CT3~6 级，而熔模铸件表面粗糙度也越来越小，可达到 0.8 μm。

（3）新材料。熔模铸造未来还会涉及更多新材料的应用。随着材料科学和工程的进步，新型金属合金、陶瓷材料、复合材料等将被应用于熔模铸造中。这些新材料具有更好的性能和特性，可以为雕塑作品带来更多创作上的可能性。熔模铸造沿着新材料方向的发展，使得其铸件呈现出性能更强、体积上限更高的趋势特点。由于材质的改进和工艺技术的进步使得铸件的性能越来越好，如飞机发动机用的涡轮叶片工作温度由 980 ℃提高到 1 200 ℃。

（4）轻量化设计。随着对环境保护和能源效率要求的提高，轻量化设计在各个领域逐渐成为一个重要的趋势。熔模铸造可以通过优化模具结构和材料选择来实现雕塑作品的轻量化设计，从而达到减少材料消耗、节省能源和降低成本的目标。熔模铸造沿着轻量化设计方向的发展，使得其铸件呈现出更轻更小、更加环保的趋势。

（5）自动化。自动化技术在制造领域的应用也在不断增加，熔模铸造也不例外。自动化系统可以实现雕塑作品的快速生产和质量控制，同时减少人力资源的需求。这将提高生产效率、降低成本，并确保雕塑作品的一致性和精确度。熔模铸造沿着自动化方向的发展，使其铸件呈现出生产过程更加一致化、制造结果更加精密化的趋势。热等静压技术的应用使得熔模铸造生产的镍基高温合金、钛合金和铝合金的高温低周波疲劳性能提高 3~10 倍。

总的来说，熔模铸造在数字化、快速成型、新材料、轻量化设计和自动化方面都有着广阔的发展前景。未来的熔模铸造将更加注重创新、高效和可持续发展，为艺术家们提供更多的制作选择和创作可能性。同时，熔模铸造也将继续推动传统工艺与现代技术的融合，为雕塑艺术的发展带来新的突破和进步。

4.6.2 与互联网的结合

（1）数字化设计与仿真。互联网可以为熔模铸造提供数字化设计和仿真工具。例如，通过使用 CAD 软件和仿真技术，艺术家和工程师可以在虚拟环境中进行雕塑设计、模具设计和工艺仿真。这样可以减少实验测试的时间和成本，并使设计过程更加高效和精确。

（2）在线协作和远程合作。互联网使得不同地区的人们能够在线上进行协作和合作。对于熔模铸造来说，这意味着艺术家、用户和工程师可以通过互联网平台共享设计文件、交流想法，并进行远程合作。这样可以促进全球范围内的合作创作，开拓更广阔的创作空间。

（3）资源共享与市场拓展。通过互联网，熔模铸造行业可以实现资源共享和市场拓展。例如，艺术家和制造商可以通过在线平台共享模具设计、工艺参数和制造流程等资源，减少重复劳动和浪费。同时，互联网还可以帮助艺术家将作品推广到全球范围内的市场，与更多潜在客户进行交流和合作。

（4）数据采集与分析。互联网的相关技术可以用于熔模铸造过程中的数据采集和分析。例如，通过传感器和物联网技术，可以实时监测熔模铸造过程中的温度、压力、流量等关键

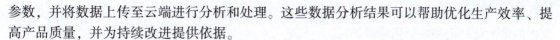

参数，并将数据上传至云端进行分析和处理。这些数据分析结果可以帮助优化生产效率、提高产品质量，并为持续改进提供依据。

（5）在线教育和培训。互联网为熔模铸造行业的教育和培训提供了新的途径。例如，通过在线教育平台，我们可以获得各种与熔模铸造相关的知识和技能培训，这有助于提高行业的整体素质和竞争力，并推动熔模铸造的迅速普及和应用。

（6）虚拟展览与在线体验。互联网可以为熔模铸造带来虚拟展览和在线体验的机会。例如，通过 VR 和 AR 技术，观众可以在线上参观雕塑展览，并与作品进行互动。这种全新的展示方式将为艺术家创造更多的展示平台，并丰富观众的艺术体验。

（7）供应链管理与物流优化。互联网技术可以帮助熔模铸造行业改善供应链管理和物流流程。例如，通过建立在线平台或系统，艺术家、制造商和供应商可以实现供需信息的实时共享和交流，从而提高供应链的可视性和配送效率。此外，利用物联网和大数据分析，可以对物流过程进行优化，减少运输成本和时间。

（8）数字化营销和客户关系管理。互联网为熔模铸造行业的营销和客户关系管理带来了新的机遇。例如，通过建设专业网站、社交媒体平台和电子商务渠道，熔模铸造企业可以展示自己的产品和服务，吸引潜在客户并进行在线销售。同时，通过客户关系管理系统，可以更好地管理客户信息、沟通和维护客户关系。

（9）数据安全与知识产权保护。随着熔模铸造与互联网的结合，数据安全和知识产权保护也变得尤为重要。熔模铸造企业需要采取措施确保在线平台和系统的安全性，防止数据泄露和网络攻击。此外，要加强知识产权的保护，确保设计、工艺和技术的合法性和独立性。

（10）人工智能与大数据分析。人工智能和大数据分析在熔模铸造中也有着广泛应用的潜力。例如，通过运用机器学习算法和深度学习模型，可以对熔模铸造过程中的数据进行分析和预测，优化生产工艺和提高产品质量。此外，人工智能还可以对自动化制造流程进行辅助决策，提升生产效率和减少人为错误。

总的来说，未来的熔模铸造与互联网结合将为行业带来更多创新和发展机会。数字化设计与仿真、在线协作和远程合作、资源共享与市场拓展、数据采集与分析、在线教育和培训、虚拟展览与在线体验、供应链管理与物流优化、数字化营销和客户关系管理、数据安全与知识产权保护，以及人工智能与大数据分析等领域的发展将推动熔模铸造行业向着更智能、高效、可持续的方向发展。同时，熔模铸造行业需要密切关注技术的发展趋势，并不断适应和应用互联网技术，以保持竞争力并实现可持续发展。

4.6.3　对环境的影响

熔模铸造对环境有一定的影响，未来的熔模铸造将更加注重环境保护和可持续性发展，具体体现在以下方面。

（1）节能降耗技术。熔模铸造过程中的加热和冷却等操作会消耗大量的能源。未来的发展趋势将倾向于采用节能降耗技术，通过改进电炉、加热设备和冷却系统等关键设备，减少能源的使用并提高能源利用效率。此外，还可以优化生产工艺和工艺参数，减少废品率和资源浪费。

（2）绿色材料与清洁生产。未来的熔模铸造将更加关注使用绿色材料和实施清洁生产。绿色材料指的是环保性能好、可再生或可回收利用的材料。通过选择绿色材料和实施清洁生产技术，可以减少对环境的污染和资源的消耗。同时，也需要加强废弃物管理和处理，实现废物的最大化利用和减量化处理。

（3）循环经济模式。循环经济是未来熔模铸造发展的重要方向。通过推行循环经济模式，熔模铸造企业可以将废弃物和副产品转化为资源，实现资源的再利用和循环利用。例如，废旧模具可以进行回收再利用，废铁可以进行回收冶炼等。循环经济的实施有助于减少原材料的消耗、降低环境压力，并促进熔模铸造行业的可持续发展。

（4）环境管理与监测。熔模铸造企业需要加强环境管理和监测工作，以确保符合环境法规和标准。建立完善的环境管理体系，制定相应的环保政策和措施，并进行环境影响评估。同时，采用现代化的环境监测技术，实时监测废气、废水和固体废物的排放情况，并及时采取控制措施，减少对环境的污染。

（5）创新与科技应用。未来的熔模铸造还将依靠创新和科技应用，推动环境友好型的发展。例如，引入先进的净化和过滤技术，减少废气和废水的排放；探索新材料和工艺，减少有害物质的使用；利用智能化系统和数据分析，优化生产过程和能源利用效率；等等。

（6）环境教育与意识提升。未来的熔模铸造行业还应加强环境教育与意识提升工作。企业可以进行员工培训，宣传环保知识和技术，增强员工的环境责任感和意识。此外，还可以积极参与社会公益活动，推广环保理念，提高公众对熔模铸造行业环境影响的认知。

（7）合作与共享经济。未来的熔模铸造行业还可以通过合作与共享经济模式减少环境影响。企业可以共享资源、设备和技术，降低资源消耗和环境压力。同时，也可以与其他行业或领域进行合作，共同开展环境友好型项目，促进资源的优化利用和循环利用。

（8）政策支持与规范引导。政府在政策和法规层面的支持与规范引导也是未来熔模铸造发展的重要因素。政府可以出台环保税收减免政策、环境标准和监管措施，鼓励企业采取环保措施，减少环境污染和资源浪费。同时，政府还可以支持研发创新，推动绿色技术和可持续发展的应用。

（9）环境合规与认证。未来熔模铸造行业还需要加强环境合规与认证工作。企业可以主动申请环境管理体系认证，如 ISO 14001 环境管理体系标准，以确保企业的环境管理工作符合国家和国际标准。这不仅有助于提升企业形象和竞争力，也能够有效降低环境风险和责任。

总而言之，基于对环境的影响，未来熔模铸造行业将在节能降耗技术、绿色材料与清洁生产、循环经济模式、环境管理与监测、创新与科技应用、环境教育与意识提升、合作与共享经济、政策支持与规范引导、环境合规与认证等方面进行革新。这样，熔模铸造行业可以更好地保护环境、实现可持续发展，并为其他相关行业树立示范。

第 5 章
综合训练项目：从 CAD 建模到 3D 打印再到熔模铸造

5.1 概 述

5.1.1 综合训练项目的特点与训练过程

综合训练项目一般涉及多门类工程技术，具有较显著的学科交叉特征及一定的复杂性，实施方案需要综合考虑多方面因素，一般涉及多个功能部件或满足多层面功能需求的设计，需要应用多种工艺组合实施；注重工程过程的完整性，各环节不要求一定按串行顺序执行，部分环节可以并行实施，各环节可以迭代重复、不断修正，每个环节最终要有规范的工程产出；训练过程中，往往涉及多种现代工程装备、仪器及软件系统的应用，需要预先了解相关的知识，掌握一定的技能。鉴于综合训练项目的工程复杂性与学科交叉性，一般以团队形式组织实施，团队成员应明确分工，相互支撑，协同作业。

综合训练项目应该产品设计、产品制造环节并重，工程问题清晰明了，以实现全面、充分的训练，能较好地达成课程目标。

设计是产品创新的灵魂，核心任务是流畅有效地将技术资源转化为用户价值。德国工业设计大师迪特·拉姆斯（Dieter Rams）提出的"设计十项原则"（创新、实用、唯美、易读、内敛、真诚、经典、精细、环保、至简）较完整地诠释了什么是好的设计，处处透射着"以人为本"的科学内涵。21 世纪初，美国 IDEO 公司推广的"设计思维"从方法论层面将"以人为本"的设计理念推向了极致。"设计思维"将产品设计划分为"共情""问题定义""概念设计""原型制作""测试"5 个阶段，将设计焦点由面向技术转移到面向用户上；将情景的充分理解和与用户的深度研究放在实践的核心位置，基于用户需求凝练工程问题，多角度寻求创新，最后收敛成为合理的解决方案。可以说，用户需求是产品创新的源泉。通过合理选题与需求导向控制，上述理念、方法可以自然融入综合训练项目中。

工业产品制造一般包含工艺规划、零部件加工或模块开发、质量控制等部分。制造既是设计的实现，又是设计的检验。工艺条件、加工成本等制造环节因素，对产品设计产生一定的制约。很多设计问题是在制造阶段发现的，如不合理的设计可能会导致制造工艺复杂化、成本激增，且制造结果达不到设计期望，甚至导致现有工艺条件无法实现、部分参数指标无法量测、部分组件无法装配等问题。因此，设计阶段要充分考虑制造环节的制约，制造环节问题要及时反馈给设计环节，以修正设计方案。这实质上就是并行工程（Concurrent Engineering，CE）理念，即集成地、并行地设计产品及其相关过程（包括制造过程和协同过程）。该理念要求产品开发人员在设计伊始，就要尽量考虑产品从概念形成到报废整个生命周期中的所有因素。综合训练项目中应该推广这一理念，以实现高效的设计与流畅的制造。训练环节应安排在充分了解了相关工艺技术的条件下实施，鼓励学生及时发现不合理设计导致的制造问题并修正设计方案。

综合训练项目一般包含需求分析与工程问题定义、问题分析与方案设计、工艺编制与产品制造、集成与测试、评估等环节。

（1）需求分析与工程问题定义。分析需求，分解工程目标，明确定义、准确表述系列关键工程问题，定位需要着重解决的难点问题。

（2）问题分析与方案设计。集团队集体智慧，应用数学知识、专业知识、工程基础知识及日常生活知识等，分析系列工程问题，查阅文献资料，激发创新思维，获得多种解决方案。基于产品性能要求与现有工艺条件，兼顾经济、人文、环境、工程美学等因素，选择较优的问题解决方案，最终形成项目总体方案。团队成员分工协作，完成项目方案设计。形成方案的过程中，可以快速搭建、制作简单的特定功能的原型，并通过一些简单的试验，来验证方案的合理性。

（3）工艺编制与产品制造。了解现有工艺技术条件，掌握相关工程工具的应用技能，基于设计方案，制订、实施合理的工艺方案，团队成员分工协作，分析、解决实施过程中的系列工艺问题，完成产品零部件、模块的制造、开发。

（4）集成与测试。完成产品的装配、集成工作。基于项目需求的产品性能指标，制订测试方案，搭建必要的测试环境，完成产品的测试工作。分析测试结果，分析、解决产品存在的问题，改进设计方案或工艺方案，进一步完善产品。

（5）评估。总结训练过程，撰写技术报告。可灵活采用答辩、竞赛、用户体验等多种形式，对项目成果进行评估。

5.1.2　项目选题与训练的组织形式

下面提供 DIY 作品设计与制作项目。DIY 项目贴近日常生活，技术与人文融合，具有一定的开放性与发散性。日常生活的所见所闻为项目实施提供了丰富的创作素材，易于激发学生的创作热情与创意思维，设计、制作出有价值的个性化创意作品。相比之下，机电项目则具有明显的内敛性与专业性，学科交叉特征更加显著，需求约束条件增强，具有严格的功能指标要求，工程复杂度增加，适于面向机类、类机类专业学生，开展基于团队的综合工程训练。

综合训练项目信息如表 5-1 所示。

表 5-1　综合训练项目信息

项目主题	名称	项目内容
DIY 作品设计与制作	创意模型设计与制作	设计产品 Logo、手机外壳、机械零部件、艺术品等，并应用 FDM 生成产品
	工艺品设计与制作	设计小型工艺品，使用 SLA 技术打印蜡模，应用熔模铸造实现工艺品的制作

上述项目可按简化项目与一般项目两种方案建设。简化项目主要为设计部分，由教师提供或学生自行从网上获取，时长一般为 16~32 学时，应用于日常工程训练；一般项目要求从模型设计到最终形成工艺品都要由学生独立完成，教师仅提供必要的操作指导，时长为 64 学时以上，应用于主题项目训练。项目按小班制实施过程化教学，学生一般以 3~6 人小组为单元，自行分工，协同作业。

训练项目的组织形式根据难度加以区分，具体每组的人数也会进行相应的增减。

（1）低难度训练项目：每个学生均有自己的训练任务，仅在熔模铸造阶段以 8~10 人为 1 组，按照给定的饰品模型完成训练任务。

（2）中难度训练项目：每个学生均有自己的训练任务，仅在熔模铸造阶段以 8~10 人为 1 组，需提供自己设计的 3D 模型完成训练任务。

（3）高难度训练项目：采用团队分工合作形式完成，学生以 4~6 人为 1 组，每组设 1 名组长总负责，其余队员分别承担不同任务（需完成模型设计、结合 2~3 种其他训练项目），最后合作完成训练项目任务。

5.2　综合训练项目简介

5.2.1　训练内容

通过 3D 打印、熔模铸造设计并制作一个工艺品，具体包括工艺品 3D 模型设计、FDM 设备制作工艺品、SLA 设备制作工艺品的树脂熔模、熔模铸造浇注系统设计、熔模铸造铸型设计与制作、浇注金属液和工艺品的清洗与后处理等内容。

5.2.2　训练要求

训练要求如下。

（1）完成工艺品 3D 模型的设计（要求方案合理、可操作性强）。

（2）利用 FDM 技术完成工艺品的 3D 打印成型（要求支撑合理、用料精简、模型精美）。

（3）利用 SLA 技术完成工艺品的 3D 打印成型（要求满足相关需求，结构设计合理、不存在封闭空腔及薄壁结构）。

（4）完成工艺品的熔模铸造及后处理（要求制作出的工艺品表面光洁度、粗糙度及整体尺寸与原始设计模型偏差在 10% 以内）。

5.2.3　训练目的

训练目的如下。

（1）让学生掌握用 CAD 软件进行 3D 建模和熔模铸造的原理及特点、3D 打印的原理及应用等理论知识，并培养学生自主制订项目式产品工艺方案的能力。

（2）培养学生在综合训练项目中一定的实践动手能力及创新创造能力。

（3）通过学生在综合训练项目团队中对自身角色的认知，培养学生初步的工程能力和素养。

5.3 工艺品的设计

本项目中工艺品的设计包括 3D 模型设计和工艺方案的制订两部分，主要由学生完成，其中指导教师需要提出 3D 模型的设计要求以及工艺方案中工艺方法的选择范围。

5.3.1 3D 模型设计

3D 模型设计需要学生有一定的 3D 模型设计软件基础，由学生自主选择设计软件，由指导教师对模型设计提出要求。

1. 模型设计要求

模型设计要求一般包括模型尺寸、模型形状、模型格式要求等。

1）模型尺寸要求

模型的尺寸一般由模型的工艺方案中涉及的设备尺寸决定。在本项目中，由于工艺品主体要求采用熔模铸造进行制作，因此模型的尺寸主要与熔模铸造的熔炼炉容量、熔模铸造浇注系统容器的体积有关。此外，制作熔模的工艺也限制了熔模铸造工艺品的尺寸。例如，采用 SLA 技术制作熔模时，熔模的尺寸也受限于 SLA 设备的可制作产品尺寸。

一般来说，工艺品模型尺寸不可过大，以免超出设备的尺寸上限。在不超出设备尺寸上限的同时也要注意，模型尺寸较大容易在熔模铸造的过程中产生浇不足等缺陷。模型尺寸也不可过小，不可低于设备的制作尺寸精度下限，否则制作出的产品容易出现结构缺损、部件黏结等现象。

2）模型形状要求

对于大部分机械加工工艺来说，模型的形状取决于加工产品设备的能力，通常对可制作的产品形状有一定的限制。但是对于熔模铸造来说，加工产品的自由度较高，特别是结合 SLA 技术制作熔模，更是提高了该工艺可加工产品的自由度范围。因此，本项目中，对模型的形状不作具体要求，但是尽量避免制作空心密封结构的产品。

3）模型格式要求

本项目中，考虑优先选用 SLA 技术制作产品的熔模，学生可使用多种设计软件进行模型的设计。但是要求建立的模型必须为实体模型，且不存在多余的几何形状、重复的面片、没有壁厚的曲面等，且最终可切片为 STL 文件模型进行熔模的制作。

2. 模型设计工具

本项目不对具体的模型设计工具进行限制，学生可根据自身条件自主选择大部分市场上常用的 3D 模型设计工具。

目前常用的 3D 建模软件基本分为参数化建模软件（CAD 类）和非参数化建模软件（CAID 类）两种。

1）参数化建模软件

参数化建模软件是由数据作为支撑的，数据与数据之间存在相互的联系，改变一个尺寸就会对多个数据产生影响。因此，参数化建模可以通过对参数尺寸的改变来实现对模型整体的修改，从而快捷地实现对设计的修改。此类软件主要应用于工业零部件、建筑模型等需要由尺寸作为基础的模型设计。目前应用较为广泛、实用性较强的有 Creo、SolidWorks 和 UG 等。

Creo 是 CAD/CAM/CAE 一体化的 3D 软件，是参数化技术的最早应用者，在机械设计领域具有很高的认可度。同时，它也是目前国内应用较多、较成熟的一款软件，主要应用于电子行业与模具制造业。

SolidWorks 是一款在 Windows 环境下进行实体建模的 CAD/CAM 软件。SolidWorks 最大的优势在于相较于其他工业建模软件，命令的使用更加简单直观，适合设计领域的初学者进行学习。因此，这款软件也成为很多高校设计专业课程内容。除此之外，SolidWorks 在设计、工程、制造领域中也是最佳的软件之一。

UG 是一款交互式 CAD/CAM 软件，功能十分丰富，可以轻松构建各种复杂形状的实体，同时也可以在后期快速对其进行修改，其主要应用领域是产品设计。

2) 非参数化建模软件

非参数化建模软件也称为艺术类建模软件，其曲面编辑自由，没有工业建模软件那么多的限制，且更偏向于模型的外形设计，更有利于设计中推敲。这种软件主要通过对点、线、面进行细微的勾勒实现对模型的修改。相较于工业建模软件，艺术类建模软件更适用于复杂工艺结构、复杂曲面结构，在应用方面也偏向于影视特效、游戏人物或场景建模等。常用的有 3ds Max、Maya、Rhino 等软件。

本项目中不对建模的软件进行具体要求，学生可根据自己的兴趣和专业基础选择建模软件，建议学生优先选择参数化建模软件。

3. 模型的后处理

3D 模型建立好后，需要在 3D 打印相关的专业软件上对模型进行打印前处理，包括模型的位置布局、大小调整、添加支撑及切片处理等操作。

5.3.2　工艺方案的制订

本项目中要求工艺品主体采用熔模铸造，可选用整体铸造和对零部件铸造后组装两种形式。工艺品的其他部分（如底座、配件等）可选用传统工程训练项目（如机械加工、钳工、数控加工等）进行制作，并可选用工程训练项目（如激光加工、焊接、陶艺、镶嵌、快速成型等工艺方式）进行工艺品的完整制作。因此，学生在进行制作之前，应先完成工艺方案的制订，包括项目概述、工艺流程设计、成本预估和项目评价等环节。

1. 项目概述

项目概述应包括以下内容：项目名称、项目简介、项目成员及分工、项目预期目标、项目存在创新点及难点和进度安排等。

2. 工艺流程设计

（1）确定工艺路线。根据设计要求，确定产品制造过程的产品级工艺路线和装配级工艺路线。

（2）确定工艺流程。根据设计要求和工艺路线，确定产品的生产过程，完成工艺流程图，示例如图 5-1 所示。

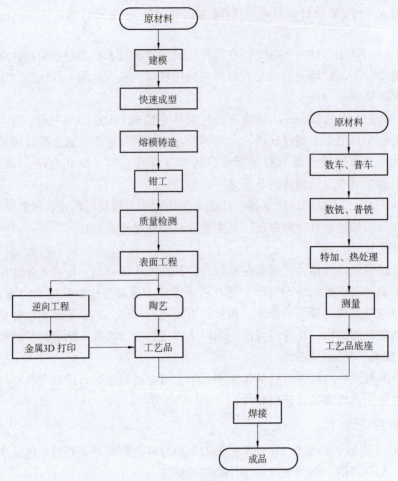

图 5-1　工艺流程图示例

（3）其他方面要求。工艺防护要求、环境要求、操作要求、加工控制等。

（4）可行性分析。工艺流程设计需要遵从以下原则。

①先进性原则。在工艺流程选择时，应考虑技术上的先进程度和经济上的合理可行。选择的加工生产方法应达到物料损耗较小，物料循环量较少并易于回收利用，能量消耗较少和有利于环境保护等要求。

②可靠性原则。所选择的生产方法和工艺流程应成熟可靠。要选择一些比较成熟的生产方法和工艺，避免只考虑先进性的一面，而忽视不成熟、不稳妥的一面。

③合理性原则。在进行工艺流程选择时，应结合实际条件，从实际情况出发，考虑各方面的问题，即宏观上的合理性。

3. 成本预估

成本预估主要包括原材料消耗、设备消耗及项目以外人员的人工等成本估算，考虑到本项目主体为学生，项目为校内综合训练项目，项目成本应适中。

4. 项目评价

本环节包括对项目产品结构工艺性的评价和对工艺工作量的大体估计，关键零（部）件工艺规程设计意见，对主要材料和工时的估算等内容。工艺品示例如图 5-2 所示。

图 5-2　工艺品示例

5.4　CAD 建模到 3D 打印的完整案例演示

工艺品原型的制作过程如下。

（1）原材料选择。选择 FDM 和 SLA 技术所用的原材料，SLA 技术所用的原材料一般为光敏树脂，根据需求不同，树脂基模料的成分和颜色不同。树脂基模料的基体是树脂，树脂分为天然树脂和人造树脂。树脂基模料的优点是强度和热稳定性高、收缩率小、灰分低，适用于生产质量要求高的熔模铸件产品，一般选用适用于铸造的光敏树脂即可。

（2）建立模型。选用合适的建模软件设计出工艺品的 3D 模型，需满足项目现有设备的生产能力和尺寸精度等要求。

（3）前期处理。正式 3D 打印之前，还需要进行模型前期处理。将建好的模型（STL 文件）导入 SLA 设备的操作软件中，按照要求进行一定处理后，包括调整模型尺寸、排列布局、添加支撑和分层切片等，才能进行打印程序。

5.4.1　用 SolidWorks 进行 3D 模型设计

下面以常见的戒指创意作品为例，展示如何用 SolidWorks 进行 3D 建模及导出 STL 文件。

第 2 章已经介绍过该软件的整体使用情况，这里只展示戒指的具体建模过程。

按图 5-3 所示画出想要的戒指的戒环正视图，采用图 5-4 所示的拉伸特征生成一个实体。按图 5-5 所示画出戒环的左视图，按图 5-6 所示拉伸为一个实体。将图 5-4 生成的实体与图 5-6 生成的实体进行交集布尔运算，得到如图 5-7 所示的戒环实体。分别对戒环实体的边角部分进行如图 5-8 所示的修饰，得到图 5-9 所示的精修实体。在戒托处加上一颗钻戒，便得到了如图 5-10 所示的戒指模型。

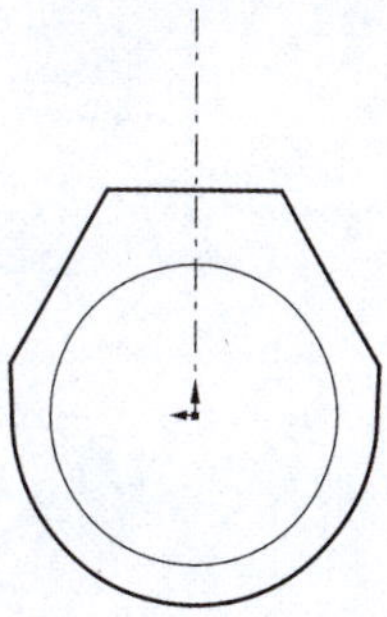

图 5-3　戒环正视图

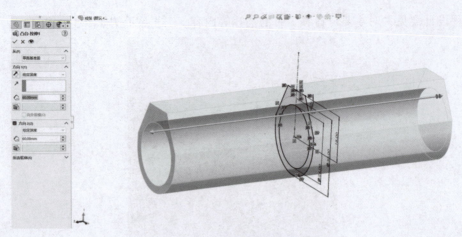

图 5-4　戒环正视拉伸实体

图 5-5　戒环左视图

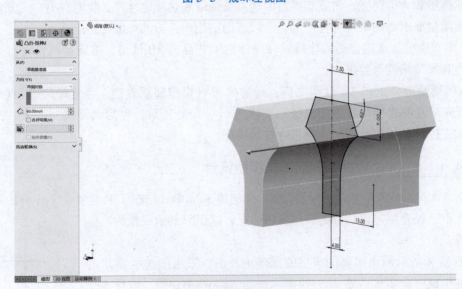

图 5-6　戒环左视拉伸实体

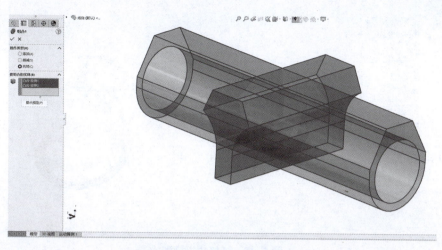

图 5-7 戒环交集布尔运算实体

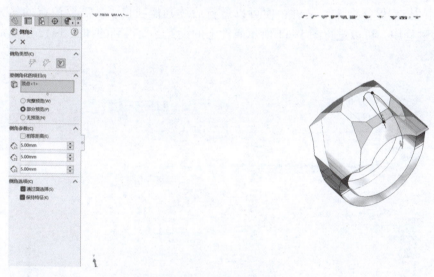

图 5-8 戒环细节修饰

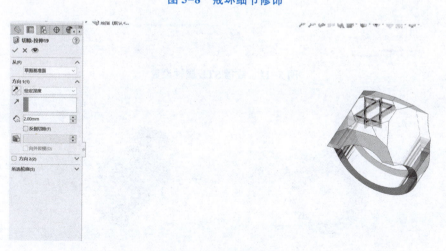

图 5-9 戒环精修实体

图 5-10　精修戒指模型

　　把得到的模型保存为 STL 文件，便可以进行后续其他项目了。需要注意的是，保存为 STL 文件的过程中，可以进行图 5-11 所示属性上的设置，使得到的如图 5-12 所示的 STL 模型更贴合需求。

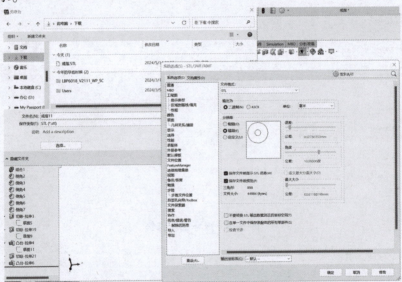

图 5-11　戒指 STL 属性设置

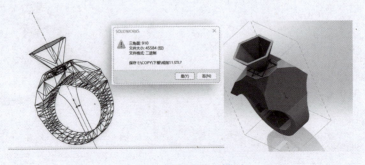

图 5-12　戒指 STL 模型

5.4.2　3D 打印的流程

FDM 与 SLA 技术的原理相似，但具体打印流程相差较大。下面以 FDM 技术为例进行介绍。

使用 UP Plus 2 便携式桌面 3D 打印机的 FDM 工艺流程如图 5-13 所示，分为开机、模型编辑、参数设置和打印模型 4 个阶段，各阶段的操作步骤分别介绍如下

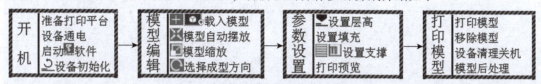

图 5-13　使用 UP Plus 2 便携式桌面 3D 打印机的 FDM 工艺流程

1. 开机

打印机工作之前，必须完成以下准备工作。

1）准备打印平台

打印前，必须将蜂窝垫板安放在打印平台上，如图 5-14(a)所示。蜂窝垫板上均匀分布孔洞，打印时熔融的材料将填充进板孔，防止在打印的过程中发生模型偏移，保证模型稳固。借助平台自带的 8 个弹簧固定蜂窝垫板，在打印平台下方有 8 个小型弹簧，将平板按正确方向置于平台上，然后轻轻拨动弹簧以便卡住平板，如图 5-14(b)所示。此处，垫板的卡口有防误操作设置，如果放反，会导致卡口不能完全对齐。

需要注意的是，8 个弹簧的卡爪一定要卡在蜂窝垫板的上方，如图 5-14(c)所示，不能卡在蜂窝垫板与打印平台之间，否则卡爪将会使蜂窝垫板抬高而与喷嘴接触，使熔化的材料堵在喷嘴处降温凝固，从而造成堵丝，无法继续堆积成型。

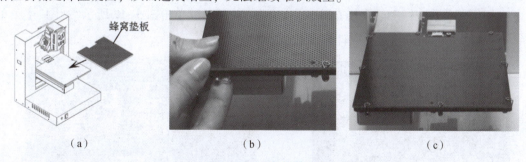

（a）　　　　　　　　　　（b）　　　　　　　　　　（c）

图 5-14　准备打印平台

(a)安装蜂窝垫板；(b)拨动弹簧固定蜂窝垫板；(c)正确固定蜂窝垫板

2）设备通电、启动软件

启动计算机和 3D 打印机。3D 打印机的电源开关位于基座后部，按下开关，接通电源。双击桌面上的图标，打开 UP Studio 主界面，如图 5-15 所示。

图 5-15　UP Studio 主界面

3）设备初始化

打印之前，需要初始化打印机。按下初始化按键（长按 3 s），或者单击主界面左侧的 UP 按钮进入程序界面，单击程序界面左侧的"初始化功能"按钮⟲，打印机随即发出蜂鸣声并开始初始化。打印喷头和打印平台返回到初始位置，当准备好后将再次发出蜂鸣声。此时数控系统上电，xyz 轴回原点。

2. 模型编辑

1）载入模型

单击⊞→⬛按钮，载入 STL 模型，如图 5-16 所示。单击图 5-17 所示"视图"子菜单中的✖按钮，模型自动摆放在软件窗口平台中央。

图 5-16　载入 STL 模型

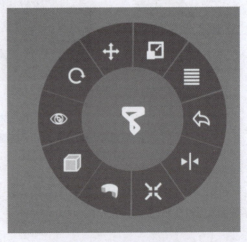

图 5-17　"视图"子菜单

2）模型缩放

考虑到打印平台尺寸及训练时间限制，需要对模型的尺寸进行调整，建议模型尺寸不超过 40 mm×40 mm×40 mm。

3）选择成型方向

以戒指 1 模型为例，对比成型该模型时的两种摆放位置的效果，如图 5-18 所示。当模型立向放置时［见图 5-18(a)］，模型表面与成型方向 z 轴的夹角 θ 较小；当模型横向放置时［见图 5-18(b)］，θ 值较大。θ 值小意味着加工时产生的台阶效应小，模型能获得较好的精度及表面质量，并且支撑结构简单、耗材少、收缩变形小。θ 值大，不但台阶效应大，而且支撑体的构造复杂，耗材多，收缩变形大，需要成型时间长，并且也使后处理剥离支撑的难度大为增加。因此，模型成型时立向放置更加合理。

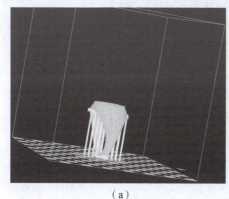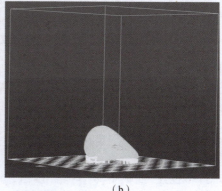

（a）　　　　　　　　　　　　　（b）

图 5-18　不同摆放位置对比

(a)立向放置；(b)横向放置

3. 参数设置

在"打印设置"界面设置层片厚度、填充方式和支撑等参数。

该阶段进行产品的数据转换，通过切片软件进行数据模型的修复、厚度分层处理、底部固定支撑的数据处理等过程，并将这些内容转化为二维截面信息，并生成打印机控制系统能够识别的 G 代码。

1）设置层高

选择层片厚度时，要从成型速度和精度两方面综合考虑。层片厚度小，层片数多，成型耗时长，但台阶效应小，模型精度和表面质量较好；反之，层片厚度大，层片数少，成型耗时短，但台阶效应大，影响模型精度和表面质量。

2）设置填充

填充方式影响模型的强度、质量、耗材量和成型时间。选择合适填充率，在满足模型的具体性能要求的同时，使耗材和成型时间尽量少，提高成型的经济性。

3）设置支撑

单击"更多功能"按钮▤→"支撑编辑"按钮▥，打开"支撑编辑"面板，如图 5-19 所示，设置层数、角度和面积。

（1）层数。为避免模型主材料凹陷入支撑网格内，在靠近原型的被支撑部分需采用无间隙的标准填充。该参数设定标准填充的层数，一般为 2~6 层(系统)。

（2）角度。设定需要支撑的表面的最大角度（即表面切线方向与水平面的角度），当表面角度小于该值（如 30°）时，必须添加支撑。角度越大，支撑面积越大；角度越小，支撑面积越小。如果该角度过小，则会造成支撑不稳定，原型表面塌下等问题。

（3）面积。需要填充的表面的最小面积。当悬空面积小于该值（如 3 mm^2）时，可以不进行支撑。

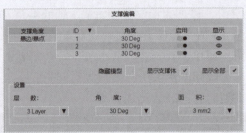

图 5-19　"支撑编辑"面板

4）打印预览

以上参数设置完毕，单击"打印设置"面板中的"打印预览"按钮，进行打印预览，查看支撑结构、打印时间和所需材料等。检查完毕后，退出预览，进行打印。

4. 打印模型

1）打印模型

单击"打印设置"面板中的"打印"按钮，设备开始打印模型，显示器中显示打印视图，如图 5-20 所示。模型打印过程中，可根据需要随时停止或暂停打印。

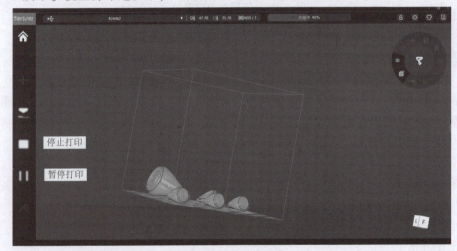

图 5-20　打印视图

（1）停止打印。单击"停止打印"按钮■，打印机立刻停止加热和运行，当前正在打印的所有模式都将被取消，不能恢复打印作业。若要重新打印，需要初始化打印机。

（2）暂停打印。打印过程中单击"暂停打印"按钮Ⅱ，打印立即暂停，喷嘴将会保持高温。再次单击此按钮，将从暂停处继续打印。在打印期间，需要清理喷头上黏性杂物。要换丝材时，可以使用此项功能。

注意：当打印机正在打印或打印刚完成时，禁止用手触摸模型、喷嘴、打印平台或机身其他部分。

2）移除模型

当模型完成打印时，打印机会发出蜂鸣声，喷嘴和打印平台停止加热并返回初始位置。

注意：在移除模型之前，必须先撤出蜂窝垫板，否则用力去除模型会导致平台偏离水平位置甚至弯曲变形。

取下蜂窝垫板，用铲刀贴紧模型底部，撬松或铲除模型，如图 5-21 所示。模型去除完毕，将蜂窝板按照图 5-14 所示重新安装在平台上，准备打印下一个模型。若打印完成，则清理设备、关机。

图 5-21　用铲刀取下模型

3）模型后处理

对模型进行支撑剥离、打磨、抛光等处理。支撑材料可以使用多种工具（如钢丝钳、尖嘴钳或斜口钳等）来拆除。支撑拆除后，可进一步用锉刀、砂纸等打磨、抛光模型。

本小节可以单独作为创意工艺品设计的一部分，能够实现工艺品从构思到产品的过程，也可以作为工艺品从构思到金属产品的过渡部分。值得注意的是，能否作为过渡部分，与 3D 打印产品的精密度密切相关，而精密度与所采用的 3D 打印技术也是息息相关的。因此想要得到金属工艺品，要么直接采用金属 3D 打印机制作，要么采用 SLA 技术得到高精度的半成品。通过 FDM 技术打印出来的模型，无法满足熔模铸造所需的精度，仅能得到塑料工艺品。

5.5　基于 3D 打印模型的熔模铸造案例

下面介绍采用熔模铸造进行工艺品的制作，其中包括工艺品原型制作、工艺品的熔模铸造和工艺品的后续加工。

5.5.1　工艺品原型制作

传统熔模铸造的产品原型（熔模）通常为蜡模。蜡模的制作过程复杂，步骤较多且要求较高，一般先根据设计图纸和其他加工方法制作一件样品原型，根据样品原型制作橡胶模具或者金属模具，再通过往模具中注蜡的形式制作蜡模。这个过程很难通过高校实践课完成，因此本项目考虑采用 SLA 直接制作原型（熔模）：先用 CAD 软件进行模型的设计与修改，导出 STL 文件，再使用专业切片软件将 3D 模型进行打印前处理，最后导入 3D 打印机进行模型制作。本项目采用专用的铸造树脂，灰分小，熔点较低，适用于制作熔模铸造的熔模。

利用 SLA 技术进行工艺品原型制作的步骤分为添加支撑、分层切片和打印模型。

1. 添加支撑

3D 打印的原理是将 3D 模型切分成一层一层的二维图像，再层层叠加成型。因此，要求模型未打印的上层结构要有下层已打印部分的支撑，如果被打印模型的某些部位是悬空的，打印的时候就需要在悬空结构下方增加支撑结构。支撑添加的效果直接决定了模型最后能不能成功打印。

3D 打印中添加支撑的 45°角原则如图 5-22 所示。

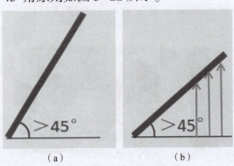

图 5-22　3D 打印中添加支撑的 45°角原则
(a) 不需要支撑；(b) 需要支撑

根据 SLA 技术原理，液体材料通过紫外激光扫描固化，一层一层地堆叠，直至模型最终成型，那么就要考虑到已成型的材料的重力问题：如果一个物体的某个面与垂直线的角度大于 45°且悬空，就有可能发生坠落。对于 3D 打印也是如此，虽然在打印过程中，液体材料会有一定的表面张力，但是材料也有可能在没有完全固化之前因本身的重力过大而坠落，从而导致打印失败。

此外，支撑还可以用于平衡由于树脂从液态转变为固态时，由内应力引起的原型件的变形与翘曲，防止工作台上下移动带给原型零部件的层间"伞降"效应，保持原型零部件在制作过程中的稳定性，使其相对于加工系统精确定位。对于一些零部件制作时的"孤岛"特征，支撑可以为其提供制作基础。需要添加支撑的几种情况如图 5-23 所示。

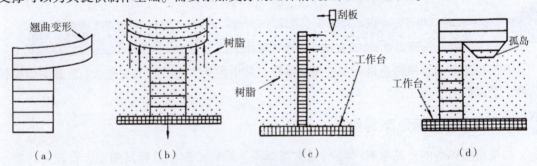

图 5-23　需要添加支撑的几种情况
(a) 原型制作时层间的翘曲变形；(b) 原型制作时层间的"伞降"效应；
(c) 原型制作时液态力对高大零部件的影响；(d) 原型制作时的"孤岛"特征

虽然支撑对于 3D 打印非常必要，但是支撑构造也存在一定的缺点：支撑结构增加了材料成本；支撑结构增加了打印持续时间；支撑结构添加了后期处理工作；支撑结构有损坏模型的风险。

　　鉴于支撑结构有以上缺点，实际中会选择在保证模型被成功打印的前提下，尽量减小添加支撑的数量，如调整模型的角度、采用不同的摆放方法。本项目戒指模型的摆放如图 5-24 所示。

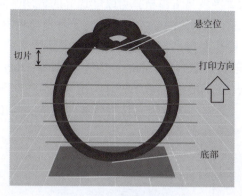

图 5-24　戒指模型的摆放

　　本项目可以在 SLA 设备专用软件中对模型进行角度调整和添加支撑，其中添加支撑有软件自动添加和手动添加两种方法。自动添加更加方便和快捷，软件系统会根据 45°角原理，计算出模型所有需要加支撑的点，自动为模型加入支撑。手动添加主要是在特殊情况发挥重要的作用，如自动添加后，由于支撑密集程度（支撑越多，模型下表面质量越好）的设置等导致模型有些部位没有添加到支撑，或者在模型打印出来后发现了结构缺损等情况需要二次打印，这个时候就要手动添加支撑进行修正。手动添加实际上就是对自动添加的补充，往往对操作者的经验要求较高，需要其能准确判断模型哪个位置要加支撑，哪个位置不需要。常见支撑添加示例如图 5-25 所示。

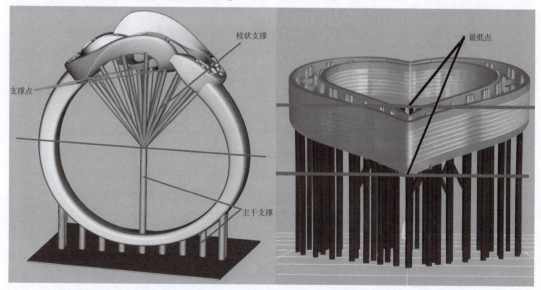

图 5-25　常见支撑添加示例

　　常用的支撑参数有支撑半径和密度、顶尖点半径、连接点半径等，根据模型的尺寸等情况来定。支撑半径和密度影响模型的成型质量，过粗、过密将会造成材料的浪费，增大模型结构损坏风险；过细、过疏可能导致支撑力不足，出现结构缺损和垂丝等现象。

2. 分层切片

STL 文件需要导入专业的切片软件处理后，才能将图形数据转成 3D 打印机能够识别的代码格式。分层切片操作简单来说就是将模型分为厚度均等的数层，同时计算出 3D 打印机在打印每一层时所行走的路径。3D 打印机的输入文件，其实就是描述打印头位移方式的文件。切片处理是 3D 打印的基础，切片参数的设置是影响模型成品质量的重要条件之一，关于分层（切片）的参数，常用的有层厚(0.025~0.1 mm)、填充度(10%~30%)和外壳数(2~4层)等。

合理的分层设置不仅会使打印的成品效果更好，还可以节省时间、节省材料。

本项目使用 JewelCAD，该软件为珠宝设计类行业使用的主流 CAD 软件，用其进行切片可以得到很高的精密度。

（1）打开 JewelCAD。

双击桌面上图 5-26 所示的软件图标，打开 JewelCAD。

图 5-26　JewelCAD 软件图标

（2）输入文件。

输入 STL 或者其他格式文件。执行"档案"→"输入"命令，如图 5-27 所示，打开"打开"对话框。

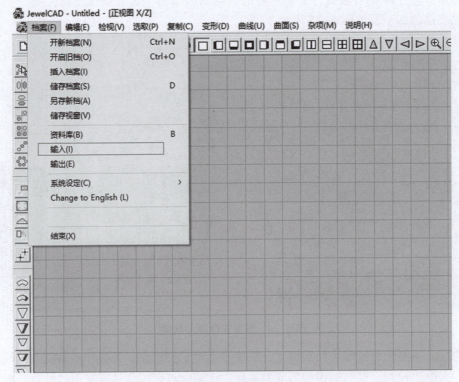

图 5-27　输入文件

在图 5-28 所示的"打开"对话框中，选择要输入的文件及类型。

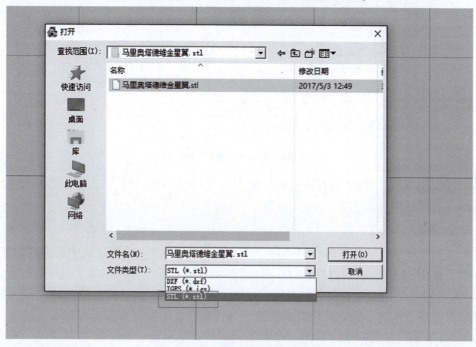

图 5-28　选择要输入的文件及类型

（3）切薄片。

执行"杂项"→"切薄片"命令，如图 5-29 所示，打开图 5-30 所示"切薄片"对话框，并修改参数。

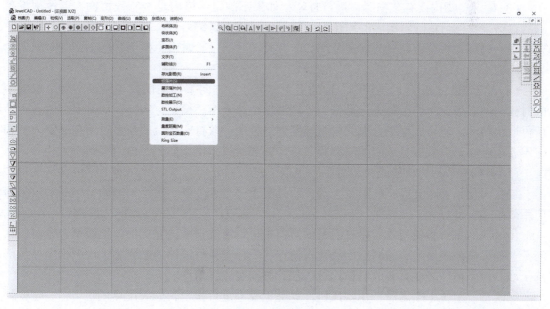

图 5-29　切薄片

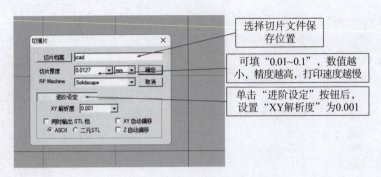

图 5-30　修改"切薄片"的参数

参数修改完毕后，单击"确定"按钮生成 SLC 文件，将文件放入 U 盘，将 U 盘插入 3D 打印机即可按照步骤打印。

3. 打印模型

将模型按照要求在切片软件上处理好之后，就可以导入到 3D 打印机中进行打印了。本项目使用 SLA 设备，打印时有以下注意事项。

（1）光敏树脂使用前应轻微地左右摇晃一下，不要让皮肤或眼睛直接接触光敏树脂，若引发皮肤过敏或者不适，请立刻用清水冲洗，如情况严重请及时就医。

（2）SLA 设备应放置在远离易燃易爆物品或高热源的位置，最好放置在通风、阴凉、少尘、无阳光直射的环境内，且室温应保持在 26±5 ℃，尽量恒温；不能放置在振动较大或者其他不稳定的环境内，以免影响打印质量。打印前需要检查平台上的旋钮和料槽上固定位置是否锁紧，防止打印时不稳定。使用设备前查看屏幕照射是否正常，请佩戴防紫外光眼镜查看。请勿在测试屏幕时用眼睛直视以免损伤眼睛。

（3）确定料槽内没有杂物后再进行打印，如果不确定料槽内是否有残留物，请使用设备的料盘清理，然后清除料槽内的固化面，切记不要用金属铲刀触碰料槽内的离型膜。打印时查看曝光时间是否符合耗材的规定范围，防止打印时间过长时产生模型膨胀，或者时间太少导致不成型。

（4）确定模型取出之后再控制 z 轴的上下，防止 z 轴向下移动使模型压到平台。取模型的时候请务必带上防护手套进行操作，并用酒精清洗干净。模型打印完，请将平台清理干净后再取出料槽，防止成型平台上的树脂滴漏到屏幕上。取打印平台的模型时用金属铲刀，切记不要用金属铲刀触碰料槽内的离型膜。打印完成的树脂模型如图 5-31 所示。

（5）打印完成后，将模型从成型平台上取下进行后处理。模型后处理工序包含清洗、吹干、二次固化、去除支撑、打磨抛光等。后处理工序是否合格，决定模型的最终展示效果与应用效果是否良好。

①清洗。将树脂模型放入盛有酒精的容器中进行清洗，清洗完成后，把模型上残留酒精沥干。如果模型表面附着的酒精已经比较清透，不再有耗材液体的黏腻感，说明模型已经清洗干净；如果模型表面附着的酒精比较浑浊，则需要继续清洗。

②吹干。清洗干净之后，用吹风机冷风贴近模型进行吹干，如果用热风吹干，一定要保证吹风口距离模型大于 20 cm，直到模型表面变得干爽为止。

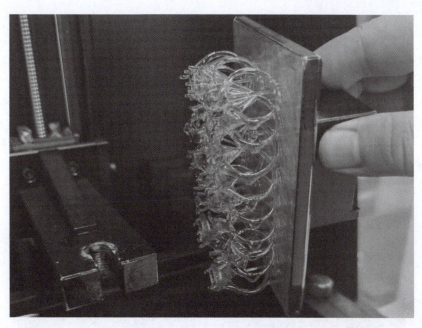

图 5-31　打印完成的树脂模型

注意：模型表面一定要吹干，直至用手接触不感觉黏腻；在吹的过程中，有的模型表面会逐渐发白，应一直吹到白色消失为止，否则白色痕迹一旦二次固化就无法去除；热风吹时离模型太近会导致模型受热变形。

③二次固化。将模型平铺在方盒中，然后倒入 90 ℃以上热水，热水量以没过模型为止，然后将方盒放入固化箱中进行固化。固化时间根据耗材的不同而不同，铸造材料一般固化 40 min 左右，压胶膜材料一般固化 5 min 左右。

注意：铸造材料用热水固化，冷水无法做到充分固化，压胶膜材料用冷水固化即可；为保证充分固化，可采用二次固化的方法，即先对模型的一面进行固化，待其固化完成后再对另一面进行固化。

④去除支撑。二次固化完成后，需要将模型上的支撑结构去除后再进行下一步的操作。一般用偏嘴钳修剪支撑，如图 5-32 所示。为了避免支撑崩裂带来模型上的凹坑，偏嘴钳要在距离根部大约 0.5 mm 的位置剪断，且钳口朝外，这样通过后期打磨把多余的部分去除。

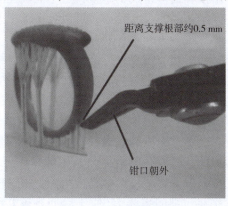

距离支撑根部约0.5 mm

钳口朝外

图 5-32　去除支撑

注意：不要用手去撕扯支撑，容易造成表面模型缺损；不要用剪刀修剪支撑，剪刀的铰切方式会让支撑崩断，同样会带来模型缺陷。

⑤打磨抛光。修剪完支撑的模型，先用 600 目的砂纸把剩余部分支撑快速磨掉，打磨过程中要避免砂纸摩擦导致模型表面损坏，再用 1 000 目的砂纸细磨支撑处，直到支撑高度与模型结构表面平滑为止，然后用水冲洗并吹干。砂纸也可以用来去除部分支撑，但是一般采用砂纸来进行后期的打磨工作。使用高砂砾砂纸（220～1 200 目）进行湿磨砂将去除 3D 打印支撑构造，还可以抛光模型。为了得到最好效果，可将水涂抹在部件上以平滑、轻盈的方式打磨，直到达到所需的表面质量。采用 SLA 技术制作的树脂戒指以及去除支撑之后的戒指模型如图 5-33 所示。

（a）　　　　　　　　　　　（b）

图 5-33　采用 SLA 技术制作的树脂戒指以及去除支撑之后的戒指模型
（a）树脂戒指；（b）去除支撑之后的戒指模型

▶ 5.5.2　工艺品的熔模铸造

在使用 SLA 技术制作并得到工艺品的熔模之后，就可以开始进行工艺品的熔模铸造了。其中，熔模铸造可分为 4 个主要的工艺流程：浇注系统的设计；石膏型壳的制作；金属液的浇注；成型及后处理。

1. 浇注系统的设计

浇注系统是指铸型中液态金属流入型腔的通道。本项目中，不同工艺品熔模与直径不同的蜡棒进行连接，这些蜡棒在高温熔化之后形成的空腔可以作为金属液流动的通道，将多个熔模型腔连接起来。因此，熔模和蜡棒组成了熔模铸造中的浇注系统。

在本项目的熔模铸造中，工艺品的尺寸较小，可以将多个工艺品进行组合一次浇注，节约时间成本和设备成本。

光固化树脂的熔模在与蜡棒焊接前需要进行修整，去除自身结构之外的支撑和其他多余部分。然后，将修整好的熔模按照一定的顺序，用焊蜡器（小型电烙铁）沿圆周方向依次分层地焊接在一根蜡棒上，最终得到一棵形状酷似大树的蜡树，再进行下一步的操作。这个过程，即浇注系统的设计过程，通俗一点也称之为种蜡树。

种蜡树底座为圆形橡胶底盘，这个橡胶底盘的直径与灌注石膏的不锈钢筒内径配套。底盘的正中心有一个突起的圆形凹孔，凹孔的直径与蜡树的蜡棒直径相当。种蜡树的步骤为：将蜡棒头部插入底盘的凹孔中，确保蜡棒与凹孔结合牢固；将蜡模焊接在蜡棒上，如果蜡模较小，可以考虑将蜡模先焊接在较细的蜡棒上（便于后期将铸好的产品从蜡树上取下），再焊接在主蜡棒上。焊接顺序可以选择从蜡棒底部开始（由下向上），也可以从蜡棒头部开始

（由上向下）。一般采用从蜡棒头部开始（从上向下）的顺序比较多，可以防止熔化的蜡液滴落到焊好的蜡模上，操作起来也更方便。种蜡树的操作过程如图 5-34 所示，种好的戒指"蜡树"如图 5-35 所示。

图 5-34　种蜡树的操作过程　　　　　图 5-35　种好的戒指"蜡树"

种蜡树的基本要求为：熔模要排列有序，熔模之间不能接触，既保持一定的间隙（一般为 3～5 mm），又能够尽量多地将熔模焊在蜡树上。也就是说，一棵蜡树上要尽量"种"上更多数量的熔模，以提高效率，降低时间等成本。

金属液从注入石膏型到冷却凝固所需要的时间只有短短的数十秒，金属液必须在最短的时间内注满型腔。若金属液在浇注系统中流动不畅顺，将出现湍流，降低金属液温度，导致浇不足、冷隔、缩孔、夹杂等缺陷。因此，种蜡树的操作过程还应该注意以下一些问题。

（1）种蜡树的熔模与主蜡棒之间一般有 45°的夹角，也就是说，熔模的方向是倾斜向上的。只有这样才能便于金属液顺利注入石膏模（浇注金属液时蜡树是倒置的状态）。这个夹角可以根据熔模的大小和复杂程度进行适当的调整，小而复杂的熔模可以减小夹角；反之，比较大的熔模可以增大夹角。另外，为保证金属液的浇注速度，熔模和蜡棒之间的过渡应尽量圆滑。

（2）在种蜡树之前，应该首先对橡胶底盘进行称重。种蜡树完毕，再进行一次称重。将这两次称重的结果相减，可以得出蜡树的净重。将蜡树的质量按石蜡与铸造金属的密度比例（约为 1∶9；树脂与铸造金属的密度比例约为 1∶10）换算成金属的质量，就可以估算出浇注需要熔融的金属颗粒质量。

（3）种蜡树完毕，必须检查熔模是否都已和蜡棒焊牢。如果没有焊牢，灌石膏时容易造成熔模脱落，影响浇注的进行。检查熔模之间是否有足够的间隙，熔模若贴在一起，应该分开。对焊合完成的蜡树进行修整，如果蜡树上有滴落的蜡滴等，应该用刀片等工具修去。

2. 石膏型壳的制作

浇注系统设计制作完成之后，可以进行型壳的制作。

熔模铸造要求获得表面光滑、棱角清晰、尺寸正确、质量良好的铸件，这些都与型壳质量有直接关系。据统计，熔模铸件废品中，由于型壳质量不良而报废的占有很大的比例，而型壳的质量又与制壳工艺及制壳材料密切相关，因此选用合适的工艺性能良好的材料就显得十分重要。

熔模铸造的铸型有多层型壳和实体型两种，现代熔模精密铸造普遍采用多层型壳，而实体型主要用于石膏型铸造中(用于有色金属铸造)。对比其他铸造方法，石膏型铸造存在以下优点。

(1)与砂型、陶瓷型等铸造方法相比，石膏型铸造工艺简单，生产周期短，铸件的精度高，表面质量好，且成本低，使用的设备少，能耗少，铸件容易清理，无污染，劳动强度低。

(2)石膏型铸造可铸造形状结构复杂的整体铸件，取代过去由多个机械加工件或钣金冲压件组成的零部件(如有几十个叶片的叶轮)，扩大了零部件设计的自由度，提高了产品的机械性能，气密性能，缩小了体积，也简化了加工工序，缩短了加工周期，从而也一定程度上降低了成本。

(3)石膏型铸造可铸造薄壁(最小壁厚可达 0.5 mm)铸件，而且铸件的成型性能好，铸件各部位的结晶组织和机械性能均匀。

(4)石膏型铸造还可铸造出表面文字、花纹等微结构。铸件的表面粗糙度最高可达 0.8 μm，尺寸精度较高，适用于铸造复杂工艺品等产品。

鉴于以上石膏型铸造的突出优点，本项目采用石膏型铸造制作铜制工艺品。

石膏型壳的制作步骤如下。

(1)混粉。

制作石膏型壳的第一步是选择合适的石膏粉，如图 5-36 所示。石膏粉(主要成分为 $CaSO_4 \cdot 2H_2O$)的种类很多，不同的种类适用于不同的领域。精密铸造石膏粉采用 α 半水石膏粉添加多种耐火材料深加工精制而成，能有效抑制石膏铸型的尺寸收缩和裂纹倾向，最高可耐 1 300 ℃高温，可用于金、银、铜、铝、橡胶工艺制品及精密零部件铸造。

图 5-36　石膏粉

注意：石膏粉是一种化学物质，在使用的过程中，应避免吸入呼吸道或进入眼睛，以免对人体造成伤害。

(2)制浆。

将石膏粉与水按照一定的比例进行混合配制。石膏浆料有以下特点：流动性比较好，凝固受热时膨胀率和收缩率都较小，所制铸型轮廓清晰、花纹精细；溃散性好，易于清除；导热性差，金属浇入后散热缓慢；流动性好，适用于生产薄壁铸件；耐火度低，适用于生产铝、锌、铜、金、银等合金铸件；透气性极差，铸件易产生气孔、浇不足等缺陷。

操作时，按用作铸筒的不锈钢筒的具体容积备好相应质量的石膏粉和水(若无蒸馏水，可用自来水)，一般石膏粉和水的比例为 2~2.5∶1(质量比例)，可以根据气候的干湿、冷暖，以及铸模的大小、复杂程度进行调整，水温在 20~25 ℃之间比较适宜。称量好之后，先将水放入搅拌容器中，开动搅拌器，逐步放入石膏粉，进行搅拌。

石膏混合料吸附了大量的气体，在浆料搅拌时又会卷入大量的气体，这导致浆料中有大量的气泡，影响石膏型腔表面的质量。除发泡石膏型希望有大量孔洞可以在大气下搅拌机灌注外，普通石膏型浆料大多数在真空下搅拌，使浆料中所含的气体能够顺利外排。

（3）灌浆。

本项目中石膏型壳采用真空灌浆的方式进行制作，如图 5-37 所示。

在石膏粉搅拌开始之前，应将种好的蜡树连底盘一起套上钢筒。为方便后期高温加热时内部受热均匀，钢筒表面留有许多透气孔，在灌注石膏浆时，在钢筒外面上包裹单面胶纸（胶纸最后应该高出钢铃上沿 20 cm 左右）备用为临时性的容器，待石膏浆自然硬化之后，再去除外面的胶纸即可。将包裹好的钢筒放入真空搅拌机灌浆室后将真空搅拌机的桶盖闭合，随后搅拌石膏粉，待石膏混粉完毕（搅拌 2~3 min）后将搅拌室盖子闭合抽真空。

抽真空后，石膏浆需要在短时间内注入不锈钢筒，注入石膏浆时，最好不要直接倒在钢筒中的蜡树上，而是沿钢筒的内壁缓缓注入，直至石膏浆没过蜡树顶端 1~2 cm。石膏浆灌注完毕后需继续抽真空，直到石膏浆中所有的气体全部被抽取完毕（2~3 min），然后关闭真空泵，打开排气阀，将灌注好石膏的钢筒自然放置 1~2 h 至石膏浆完全凝固，如图 5-38 所示。

图 5-37　真空灌浆

图 5-38　钢筒（内注有石膏）实物

（4）焙烧石膏。

焙烧的作用主要有脱蜡、干燥和浇注保温。石膏型壳的焙烧是保证浇注正常进行的重要工序，直接影响到铸型的强度、表面质量等。当型壳焙烧不良时，铸件经常出现披缝、砂眼、表面粗糙等缺陷。

一般而言，18K 金的铸模焙烧时间为 6~12 h，铂金的铸模焙烧时间为 12~20 h，铜的铸模焙烧时间为 8~12 h。在拟订石膏型的焙烧温度程序时，为使石膏型在加热焙烧过程中的热膨胀收缩尽量均匀，减少内部应力，一般采用多平台保温制度。以铜合金的铸模焙烧为例，脱蜡温度为 0~250 ℃，加热时间为 3 h，在 250 ℃保温 2 h；干燥温度为 350~600 ℃，保温时间为 2~3 h；浇注保温温度为 600~800 ℃，保温时间为 1~2 h。

一般的焙烧过程为：先将电阻炉预热到起始温度，将石膏型壳浇注口朝下放入炉中，以便使蜡液流出蒸发；在起始温区恒温 1 h 后，再以 1~2 h 的间隔逐步升/降温和恒温。

注意：升温（或降温）速度应该保持在 100~200 ℃/h，升温过快容易形成石膏模的裂纹，严重的可能造成石膏模损坏或报废，升温过慢又容易造成遗蜡或石膏模干燥不彻底，影响铸件的质量。石膏模的烘焙时间主要取决于金属树的大小和复杂程度，可以根据具体情况进行调整。某型石膏型壳焙烧温度曲线如图 5-39 所示。

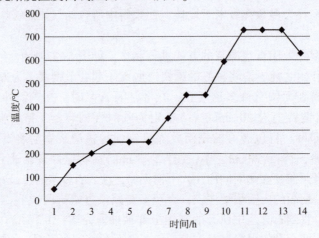

图 5-39　某型石膏型壳焙烧温度曲线

3. 金属液的浇注

浇注是铸造工艺过程中重要的一步，是指将金属或其他材料熔化成液态后注入带有一定形状型腔的模具中，待其冷却凝固成型的过程。

本项目以黄铜为原材料来进行工艺品的制作。

黄铜是以铜和锌为主要成分的合金，铸造常用的普通黄铜结晶温度范围很小，因此具有良好的铸造性能，流动性好，形成晶内偏析及缩松的倾向很小，铸件内生成的集中缩孔，可用较大的冒口给予补缩。此外，锌本身就是很好的脱氧剂，故在熔炼时可以脱氧。同时，锌具有很高的蒸气压，所以也可以防止合金吸收气体。

铸造特殊黄铜的种类较多，其中常用的硅黄铜具有很好的流动性，体积收缩率较小，容易获得致密铸件。由于含锌量较低，锌的蒸发和氧化倾向小，但吸气倾向比其他黄铜大，因此它的铸造性能介于黄铜和锡青铜之间。锰黄铜的体积收缩率较大，凝固温度范围较窄，易形成集中缩孔。对此，铸造锰黄铜铸件需设较大的浇冒口，以致铸件的成品率低。同时，体积收缩率大，铸件有时也可能产生热裂。铸造用黄铜颗粒如图 5-40 所示。

图 5-40　铸造用黄铜颗粒

铸造铜合金的熔融温度在 900 ℃左右，但为了保证金属完全熔融，且提高其充型能力，一般将熔融温度设定为 1 000 ℃左右。

浇注过程相对而言比较快速，采用合适的设备一般耗时约 20 min，但是却是整个熔模铸造过程中最重要的一步。浇注操作不当会引起浇不足、冷隔、气孔、缩孔和夹渣等铸造缺陷。目前，工业和实验室中普遍采用自动或半自动的浇注机进行浇注，常用的浇注方式为真空浇注。本项目采用微机半自动真空浇注机进行浇注，操作简便安全，属于真空加压铸造。

打开真空浇注机的上部机盖，在熔金坩埚中加入称量好的原材料铜粒，盖上机盖，设定预加热温度，开始熔融。待材料达到接近熔融状态(约 10 min)，在真空浇注机的下部机舱中放入已保温完全的石膏模，盖好机盖。待温度达到预设温度，金属完全熔化后将下部机舱抽真空，并打开上部机舱加压进气按钮(微压)，打开上下部联通开关，机器自动进入浇注状态，上部金属液在压力状态下自动流入下部机舱的石膏型中，1~2 min 即可完成浇注。浇注充型完成后，打开气阀进行放气，待系统恢复至大气压后可打开机盖取出石膏型进行冷却。

在这种特定的真空条件下，熔融时溶解于金属液中的气体易于从金属液中析出，使得随后成型的铸件中气体含量相对较少。在真空条件下，金属液表面也不易形成氧化膜，这也有利于金属液的纯净化。另外，真空浇注时，由于铸型型腔内空气稀薄，可避免由浇注充型时金属液紊流卷气、型腔窝气造成铸件内部侵入性气孔和轮廓欠浇缺陷的产生。与在大气环境下浇注相比，金属液在真空状态下充填时，受到型腔中气体的阻力大大降低，金属液前沿的氧化大大减少，金属液流表面张力也大大降低，因此金属液的流动性大幅提高。此外，上部熔炼金属的机舱加压处理，也可以提高金属液的流动速度和充型能力。熔融的金属液及浇注完成待冷却的石膏如图 5-41 所示。

（a）　　　　　　　　　　　　　（b）

图 5-41　熔融的金属液及浇注完成待冷却的石膏

（a）熔融的金属液；（b）浇注完成待冷却的石膏

4. 成型及后处理

金属液浇注完成后，熔模铸造过程已经进行了大半，大部分情况下，铸造产品冷却成型后还需进行一些后处理程序。

1）成型

浇注完成后，将石膏型放置于空气中冷却 20 min，待其内部的金属液完全凝固成型。

注意：在从真空浇注机中取出石膏型时，石膏型内的金属液可能还未完全凝固，不可剧烈晃动型体，应将石膏型放置在无人的空地处空冷至金属产品成型。形状较为复杂或者要求精度较高的精密铸件，也可考虑将石膏型放置在热处理炉中随炉冷却。

2）后处理

（1）清洗。

金属产品铸件成型后，可将石膏型放入冷水中，水溶型石膏遇水能溶解或溃散，留下浇注成型的产品。与其他型芯相比，水溶型芯的主要特点就是脱芯方便。

随后，采用高压冲洗机或其他清洗设备将金属产品上残留的石膏冲洗干净，即可进行下一步的处理。对于结构较为复杂的产品，其上附着的石膏可能较难处理，必要时需要使用软毛刷、铜刷等工具进行手动清洗。

（2）切割与打磨。

清洗完成后，得到的是金属产品和浇道组成的金属产品树，单个的金属产品需要从金属树上切割下来再进行后续的处理。对于小型的金属工艺品或者装饰品等产品，可以采用虎口钳、小型切割机或者手持砂轮切割机进行切割。

由于切割后存在较为锋利的切口，属于金属产品的余量，较大的余量需要通过二次切割的方式进行进一步的处理，较小的余量需要采用钳工工具或者其他加工方法进行打磨，从而得到和产品原型形状相同的金属产品。

对产品切割后的余量和浇注产生的氧化皮、划痕等表面缺陷可以采用打磨等表面处理的方式进行去除。一般采用 200~2 500 目水砂纸去除表面缺陷。浇注完成未切割的戒指如图5-42 所示。

图 5-42　浇注完成未切割的戒指

（3）酸洗。

浇注完成后，高温金属液在空气中进行冷却凝固，极易发生氧化反应，成型后的产品部分表面会产生黑色氧化物，影响产品的表面美观，因此需要在产品切割、打磨掉切口后对其进行酸洗，去除氧化物。以铜合金制作的产品为例，铜和铜合金件的化学抛光又称光亮酸洗或"药黄"，传统配方常用高浓度的硝酸，速度快，光亮性好，但反应剧烈，生产过程中有大量的氮氧化物气体产生，需要专用的处理设备，且硝酸在装运和使用过程中有危险性。

因此，在教学中普遍采用工业铜光亮清洗剂对铸造铜产品进行初步的清洗工作。例如，N-1 型铜酸洗光亮剂，可以不用硝酸或少用硝酸，其作用缓和，不会产生过腐蚀，使用过程中氮氧化物气体逸出少，可减轻污染，使用起来比较安全，成本较低。

（4）抛光。

抛光是指利用机械、化学或电化学的作用，使工件表面粗糙度降低，以获得光亮、平整表面的加工方法，是利用抛光工具和磨料颗粒或其他抛光介质对工件表面进行的修饰加工。

抛光不能提高工件的尺寸精度或几何形状精度，而是以得到光滑表面或镜面光泽为目的，有时也用以消除光泽。常用的抛光方法有机械抛光、化学抛光、电解抛光、超声波抛光、流体抛光、磁力抛光等。

①机械抛光。机械抛光是靠切削、材料表面塑性变形去掉凸部而得到平滑面的抛光方法，一般使用油石条、羊毛轮、砂纸等，以手工操作为主，特殊零部件如回转体表面，可使用转台等辅助工具，表面质量要求高的可采用超精研抛的方法。

②化学抛光。化学抛光是将材料浸在化学介质中，使表面微观凸部较凹部优先溶解，从而得到平滑面的抛光方法。这种方法的优点是不需复杂设备，可以抛光形状复杂的工件，可以同时抛光很多工件，效率高。

③电解抛光。电解抛光的基本原理与化学抛光相同，即靠选择性地溶解材料表面微小凸部，使表面光滑的抛光方法。与化学抛光相比，可以消除阴极反应的影响，效果较好。

④磁力抛光。磁力抛光又称磁研磨抛光，是利用磁性磨料在磁场作用下形成磨料刷，对工件进行磨削加工的抛光方法。这种方法加工效率高，质量好，采用合适的磨料，表面粗糙度可以达到 0.1 μm。

本项目中工艺品产品形状复杂，表面有镂空、花纹等装饰，结构复杂，可选择磁力抛光的方式进行抛光。磁力抛光机如图 5-43 所示。抛光后的工艺品如图 5-44 所示。

图 5-43　磁力抛光机

图 5-44　抛光后的工艺品

5.5.3　工艺品的后续加工

本项目中，除了工艺品主体的熔模制作，考虑引入其他工艺完成一个多材质、多部件的完整、复杂且兼具功能性的小型工艺品的制作，如选用钳工、数控加工、特种加工、焊接、陶艺、激光标记等工艺进行其他零配件的制作与装配等。

1. 工艺品部件焊接

在已经完成工艺品主体部分的情况下，本项目中可选择传统的普通机械加工、数控加工、钳工和特种加工等工艺制作工艺品的其他部件（如底座、装饰配件），然后将工艺品主体与其他部件进行焊接操作，完成完整的工艺品的制作。

电阻焊是利用电流流经工件接触面及邻近区域产生的电阻热效应将其加热到熔化或塑性状态，使之形成金属结合的一种方法。电阻焊方法主要有 4 种，即点焊、缝焊、凸焊、对焊。金属工艺品焊接，首选应该是点焊。点焊是将焊件装配成搭接接头，并压紧在两柱状电极之间，利用电阻热熔化母材金属，形成焊点的电阻焊方法。点焊没有焊点，外观漂亮。虽然焊接强度不如熔焊，但可以满足工艺品的强度需求。点焊没有焊接耗材损耗（不需要焊条、焊丝、气体保护等），对焊接技术要求较低，普通人经过简单培训即可操作，适合用于教学。

2. 工艺品部件镶嵌

本项目中，可根据学生的设计来选择是否在后续加工时选取其他材质工艺品作为镶嵌材料进行镶嵌加工。其他材质有不同颜色的金属、宝石、陶瓷、木质或者塑料等，可通过陶艺、机械加工、快速成型等方法进行后续加工，既丰富了工艺品材质种类，提高了工艺品的外形美观度，又贴近综合训练项目的主题，实现多学科多工种的交叉融合。

珠宝镶嵌工艺通俗讲就是将宝石（包括各种天然的、人工合成的宝石、半宝石）用各种适当的方法（爪、嵌、逼、卡等）固定在托架（用来镶宝石的吊坠、耳饰和项链等首饰或工艺品）上的一种工艺。木镶嵌工艺是指以各种质地的材料嵌入木中，组成各种图案的工艺。珠宝戒指如图 5-45 所示。

图 5-45　珠宝戒指

　　陶瓷与金属的连接方法主要有黏合剂黏结、机械连接、熔化焊、钎焊、固相扩散连接、自蔓延高温合成连接、瞬时液相连接等连接方法。金属陶瓷结合工艺品如图 5-46 所示。

图 5-46　金属陶瓷结合工艺品

3. 工艺品的激光打标

　　在本项目的工艺品制作过程中，若条件允许，可要求参与制作的学生将其姓名及其他信息(如学号、学校名称、学校简称等)通过激光打标等方法印刻在工艺品上，具体标印位置由学生自由选择。

　　激光打标是激光加工最大的应用领域之一。激光打标是利用高能量密度的激光对工件进行局部照射，使表层材料汽化或发生颜色变化的化学反应，从而留下永久性标记的一种打标方法。激光打标可以打出各种文字、符号和图案等，字符大小可以达到微米量级，这对产品的防伪有特殊的意义。

5.6　示例分析

　　除了戒指等工艺品外，还有很多其他模型可以按本章操作完成从数字模型到塑料模型/树脂模型，再到金属模型的转变，如很多读者喜欢的手办模型、坦克模型等。出于版权考虑，本节以埃菲尔铁塔的铜制工艺品笔筒的制作为例，介绍工艺品制作的一般步骤，仅供参考。学生进行工艺品的制作时，需自主设计加工工艺及方案，制订具体的制作流程。

1. 项目概述

　　项目名称：工艺品——埃菲尔铁塔。

　　项目简介：本示例项目拟采用熔模铸造工艺制作埃菲尔铁塔的主体，并结合工程训练的其他训练项目，完成一个兼具功能性和美观性的工艺品成品，包括埃菲尔铁塔主体和其他辅助结构及配件。

2. 模型设计

　　本项目采用 SolidWorks 2021 进行 3D 模型的设计，设计出的模型如图 5-47 所示。

图 5-47　埃菲尔铁塔的 3D 模型

3. 确定工艺方案

确定项目基本的工艺方案：光固化成型→熔模铸造工艺品主体→机械加工→表面处理（化学酸洗和机械抛光）→冲压工艺制作笔筒→数控加工工艺品底座→激光加工→焊接。可根据实际情况进行改动。

确定项目小组成员分工，探讨项目实行可行性及难点解决方案。

4. 制作熔模

对设计出的 3D 模型进行前期处理后，使用 SLA 设备进行树脂熔模的制作，并完成模型的清洗、干燥、去除支撑、打磨等操作。用 SLA 设备打印出的树脂埃菲尔铁塔如图 5-48 所示。

图 5-48　用 SLA 设备打印出的树脂埃菲尔铁塔

5. 制作铜制埃菲尔铁塔主体

使用 SLA 设备打印的树脂熔模进行熔模铸造，包括浇注系统的设计、石膏型壳的制作、金属液的浇注、成型及后处理等，得到铜制埃菲尔铁塔的工艺品主体。

熔模铸造前，需要根据工艺方案确定熔模铸造使用的原材料类型，可以根据工程训练中心现有材料进行选择，也可根据自身需求采购其他类型的原材料，需要考虑项目成本预算和设备生产能力进行选择。

对于产品的后处理程序，根据项目工艺设计中美观度的要求，选择合适的后处理方案，包括工程训练中心一般现有的高压冲洗、砂纸打磨、酸洗去除氧化物和杂质、磁力抛光等工序，也可以根据项目需求将产品送至其他专业机构进行其他的后处理工序。熔模铸造浇注系统如图 5-49 所示。熔模铸造出的埃菲尔铁塔铜制工艺品主体如图 5-50 所示。

图 5-49　熔模铸造浇注系统

图 5-50　熔模铸造出的埃菲尔铁塔铜制工艺品主体

6. 结合其他工艺进行工艺品制作

在铜制埃菲尔铁塔主体制作完成后，可采用其他工艺制作工艺品的其余部件：采用冲压工艺制作笔筒，数控加工制作底座（激光加工雕刻制作者姓名等信息），最后用焊接工艺将三者进行焊合。

学生通过自主设计工艺流程可自由选择工艺品其余部位的制作工艺，应根据实际情况，尽量优先选择工程训练中心目前现有设备和加工方法。埃菲尔铁塔铜制工艺品成品示例如图5-51 所示。

图 5-51　埃菲尔铁塔铜制工艺品成品示例

5.7　未来展望

综合训练项目未来的发展方面主要包括以下方面。

（1）跨学科融合。未来综合训练项目将更加注重不同学科之间的融合和交叉，通过跨学科的合作与创新，可以促进学生的综合能力培养和解决实际问题的能力。

（2）创新方法与技术的应用。随着科技的发展，综合训练项目将越来越广泛地应用创新方法和技术，人工智能、大数据分析、虚拟现实等技术将为综合训练项目带来新的可能性和体验。

（3）实践与社会参与。未来综合训练项目将更加强调实践和社会参与的环节，学生将有机会参与真实的项目和社会实践活动，锻炼解决问题的能力和团队协作精神。

（4）跨校合作与国际交流。综合训练项目将更多地涉及跨校合作和国际交流，学校之间可以共享资源和经验，开展联合项目，学生也将有机会参与国际交流活动，扩展视野和增进跨文化交流能力。

（5）个性化与定制化。未来综合训练项目将更加注重个性化和定制化，根据学生的兴趣和特长，提供多样化的项目选择和培养方案，满足不同学生的需求和发展目标。

（6）职业发展与创业培育。综合训练项目将更加关注学生的职业发展和创业培育，通过提供实际的职业导向项目和创业支持，帮助学生在毕业后顺利就业或自主创业。

（7）教师角色的转变与支持。随着综合训练项目的发展，教师的角色也将发生转变，更多地充当指导者和导师的角色，引导学生进行自主学习和探究。同时，学校需要为教师提供相应的培训和支持，提升其综合素质和能力。

总体而言，未来综合训练项目将更加注重跨学科融合、创新方法与技术的应用、实践与社会参与、跨校合作与国际交流、个性化与定制化、职业发展与创业培育以及教师角色的转变与支持。这将为学生提供更广阔的发展空间和机会，培养综合素质和创新能力，促进他们在未来社会的成功。

第6章
作 业

请根据图 6-1 ~ 图 6-7 所提供的信息，利用 SolidWorks 独立完成相应的 3D 模型建模，并生成对应的工程图。

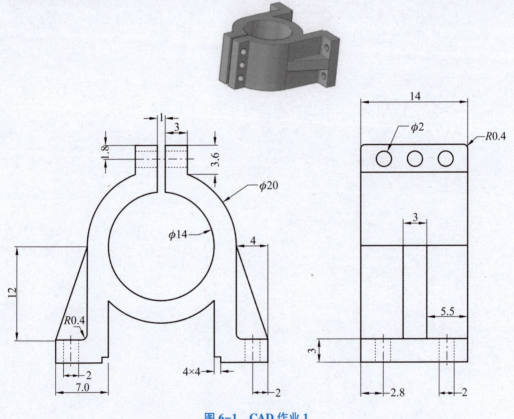

图 6-1　CAD 作业 1

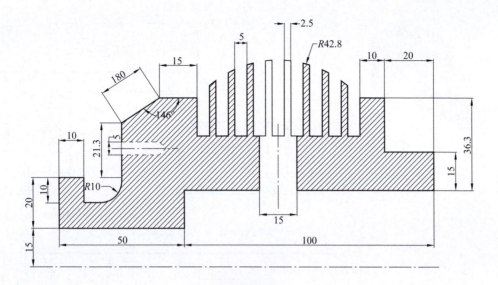

图 6-2　CAD 作业 2

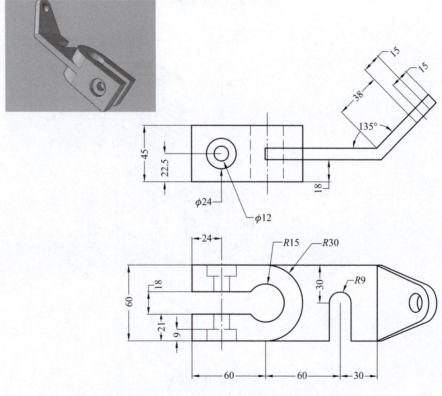

图 6-3　CAD 作业 3

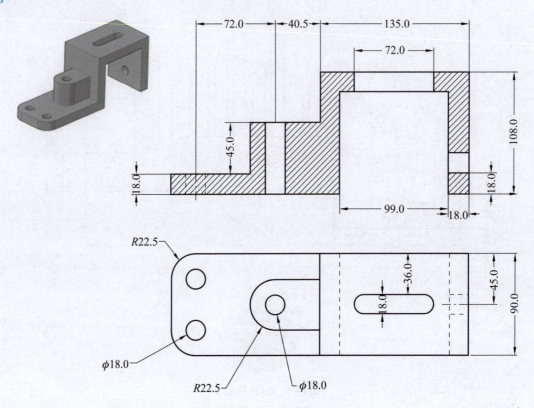

图 6-4 CAD 作业 4

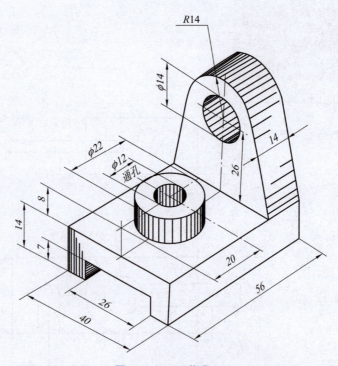

图 6-5 CAD 作业 5

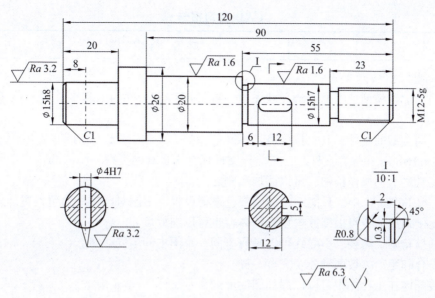

图 6-6　CAD 作业 6

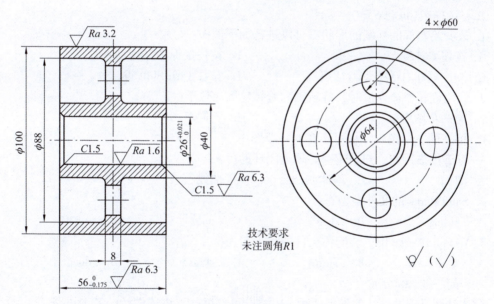

图 6-7　CAD 作业 7

CAD 实习报告

班级		学号		姓名		成绩	

一、判断题（每题 4 分）

1. 当零部件模型处于退回特征状态时，能访问该零部件的工程图和基于该零部件的装配图。（   ）

2. 不同类型的文件，其工作环境是不同的。（   ）

3. SolidWorks 在保存文件时，只能把文件保存为自身的类型。（   ）

4. 工具栏上的操作按钮，可以添加和删除。（   ）

5. 在 SolidWorks 中，只能对特征的颜色进行设置，不能对面进行颜色设置。（   ）

6. 比例缩放命令可以缩放模型几何体，也可以缩放尺寸。（   ）

7. 扫描轮廓、路径、引导线可以是属于同一草图中的不同线条。（   ）

8. 重合和距离参数两种配合完全一样。（   ）

9. 装配体在工程图中可以以爆炸图的形式显示。（   ）

10. 扫描过程中可允许自交叉现象。（   ）

二、选择题（每题 6 分）

1. 改变绘制好的椭圆的形状，可以进行如下操作：（   ）。

A. 按住 Ctrl 键   B. 按住鼠标左键拖动特征点

C. 按住鼠标右键拖动特征点   D. 按住 Ctrl+Shift 键

2. 利用旋转特征建模时，旋转轴和旋转轮廓应位于（   ）。

A. 同一草图中   B. 不同草图中

C. 可在同一草图中，也可不在同一草图中

3. 对于扫描特征，扫描轮廓必须是闭环的（   ）。

A. 曲面   B. 基体或凸台   C. 曲线

4. SolidWorks 的文件类型有（   ）。

A. .sldprt   B. .dwg   C. .doc   D. .jpg

5. 在 SolidWorks 中，装配体文件的扩展名为（   ）。

A. .dwg   B. .sldprt   C. .sldasm   D. .doc

三、问答题（30 分）

简述计算机辅助设计的发展历程，并结合 SolidWorks 讲述设计的基本思路。

3D 打印实习报告

班级		学号		姓名		成绩	

一、判断题

1. 液态光敏树脂选择性固化成型通常被称为立体光刻（Stereo Lithography，SL）。SL 工艺是基于液态光敏树脂的光聚合原理工作的。（　　）

2. 任何一种 3D 打印方法在成型过程中均需要支撑。（　　）

3. 同外部轮廓相同，熔融挤压成型的内部也是连续的实体。（　　）

4. 3D 打印是自由成型制造，不受形状复杂程度的限制但需要使用夹具、模具来制作原型或零部件。（　　）

5. 3D 打印制造过程快速。从 CAD 数模或实体反求获得的数据到制成原型，一般仅需要数小时或十几小时，速度比传统成型方法快得多，如同使用打印机一样方便快捷。（　　）

二、选择题

1. 3D 打印创造性地采用的成型原理是（　　）。

A. 受迫成型　　　　B. 去除成型　　　　C. 离散−堆积成型

2. 3D 打印机通常使用的 3D 数字化模型文件的文件格式为（　　）。

A. STL　　　　B. CSM　　　　C. CLI

3. 在典型的 3D 打印中采用丝材作为成型材料的一种成型方法是（　　）。

A. 光固化成型　　　　　　　　　　B. 分层实体制造

C. 选择性激光烧结　　　　　　　　D. 熔融挤压成型

4. 在下列选项中，在 3D 打印的成型原理里没有提及的是（　　）。

A. 3DCAD 模型设计　　　　　　　B. CAD 模型的近似处理

C. 对 STL 文件的切片处理　　　　　D. 逐层制造

三、问答题

试述 3D 打印的产生过程，并从中总结一种创新的方法和途径。

熔模铸造实习报告

班级		学号		姓名		成绩	

一、判断题

1. 模样多用蜡质材料制作，又称"失蜡铸造"。（　　）

2. 脱模之后的蜡料不得再重复使用。（　　）

3. 型壳焙烧后应该冷却后进行浇注。（　　）

4. 熔模铸造适用于 25 kg 以下高熔点、难加工合金铸件的批量生产。（　　）

二、选择题

1. 撒砂属于熔模铸造工艺过程中的（　　）。

A. 蜡模制作阶段　　　　　　　　　　B. 型壳制取阶段

C. 金属浇注阶段　　　　　　　　　　D. 铸件清理阶段

2. 以下关于型壳焙烧工艺目的的描述中，不正确的是（　　）。

A. 可去除型壳中水分和残留物　　　　B. 提高型壳强度

C. 提高型壳强度透气性　　　　　　　D. 使蜡料熔化流出型壳形成型腔

3. 适用于熔模铸造成型的零部件是（　　）。

A. 窨井盖　　　　B. 叶轮　　　　　　C. 铸铁管　　　　　D. 机床床身

4. 硬化属于熔模铸造工艺过程中的（　　）。

A. 蜡模制作阶段　　　　　　　　　　B. 型壳制取阶段

C. 金属浇注阶段　　　　　　　　　　D. 铸件清理阶段

三、问答题

试叙述熔模铸造生产的基本过程。

参 考 文 献

[1]季林红，阎绍泽. 机械设计综合实践[M]. 北京：清华大学出版社，2011.

[2]郭仁生. 机械设计基础[M]. 3 版. 北京：清华大学出版社，2011.

[3]刘志东. 特种加工[M]. 2 版. 北京：北京大学出版社，2017.

[4]刘萍华. SolidWorks 2016 基础教程与上机指导[M]. 北京：北京大学出版社，2017.

[5]北京兆迪科技有限公司. SolidWorks 快速入门教程（2017 版）[M]. 北京：机械工业出版社，2017.

[6]杨永强，王迪，宋长辉，等. 金属 3D 打印技术[M]. 武汉：华中科技大学出版社，2020.

[7]王广春. 增材制造技术及应用实例[M]. 北京：机械工业出版社，2014.

[8]李彦生，尚奕彤，袁艳萍，等. 3D 打印技术中的数据文件格式[J]. 北京工业大学学报，2016，42(7)：1010-1015.

[9]许飞，黄筱调，袁鸿，等. STL 文件参数对熔融沉积成型过程的影响研究[J]. 现代制造工程，2018(6)：58-63.

[10]张海鸥，黄丞，李润声，等. 高端金属零件微铸锻铣复合超短流程绿色制造方法及其能耗分析[J]. 中国机械工程，2018，29(21)：2553-2558.

[11]陈怡，贾平，袁培培，等. 航天领域增材制造技术由地面制造向太空制造拓展[J]. 卫星应用，2019(6)：13-17.

[12]李鹏，焦飞飞，刘郢，等. 金属超声波增材制造技术的发展[J]. 航空制造技术，2016(12)：49-55.

[13]陈雪芳，孙春华. 逆向工程与快速成型技术应用[M]. 2 版. 北京：机械工业出版社，2017.

[14]刘伟军. 快速成型技术及应用[M]. 北京：机械工业出版社，2008.

[15]李玉青. 特种加工技术[M]. 北京：机械工业出版社，2017.

[16]洪军，武殿梁，卢秉恒. 光固化快速成型中待支撑区域识别技术研究[J]. 中国机械工程，2000，11(z1)：28-30.

[17]陈绍兴，袁军平，梁谦裕，等. 浇注系统对首饰铸造质量的影响[J]. 铸造技术，2013，34(5)：655-657.